水族馆

SHUIZU GUAN

九色麓 主编

第一章　鱼类的构造

第二章　终极王者

第三章　爱穿花衣的鱼

第四章　身怀绝技的鱼

第五章　身怀剧毒的动物

第六章　水底特工队

第七章　水底的怪物

第一章

鱼类的构造

鱼类最早出现在4亿多年前，然而，比起地球的年龄，这算不上是一个很长的时间；不过，和后来称霸地球的恐龙相比，鱼类出现得要早很久很久；相较鱼类的历史，我们人类的历史只是短短一瞬。

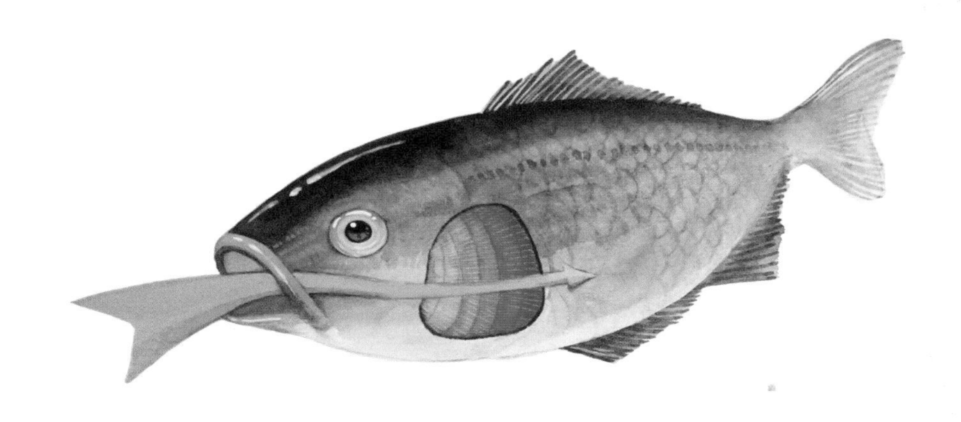

神经系统

鱼的神经系统由脑、中枢神经和分布在身体各处的神经组成。

消化器官

鱼的消化器官主要有食道、肠、肝、胆等。

鱼类的身体结构

经过亿万年的进化，鱼类形成了多种多样的体型，如纺锤型、侧扁型、圆筒型等。尽管如此，它们的身体结构大体差别并不大，如大部分鱼类都有鱼鳔、鳍等。

呼吸器官

鱼的主要呼吸器官是鳃，除此之外还有鳔、肠、皮肤等辅助器官。

排泄器官

鱼的排泄器官主要由肾脏、鳃等组成。其中，鳃主要起排除血液中多余氨氮的作用。

人类靠肺呼吸，而鱼儿主要靠鳃呼吸。鳃在鱼类头部的两侧，分别有两块很大的鳃盖，鳃盖里面的空腔叫鳃腔。

有些生活在干涸河道中的鱼儿，还能用别的器官辅助呼吸。

鳃呼吸

鱼在呼吸时，会先张嘴把水吸进口腔，水流经过鳃部的毛细血管时，水中的氧气就会渗透到血管中，体内的二氧化碳同时会随着水流从打开的鳃盖中排出，这样鱼就完成了一次呼吸。

皮肤呼吸

鳗鲡在水中用鳃呼吸，但当它离开水后，只要皮肤湿润，就可以用皮肤呼吸。因为它的皮肤布满了毛细血管，能直接与外界进行气体交换，从而获得氧气。

肠呼吸

有些鱼的肠壁布满了毛细血管，如泥鳅。它们在水中靠鳃呼吸，离开水后则可以靠与外界相通的肠吸收氧气来延缓死亡，泥鳅体内的二氧化碳是通过肛门排出去的。

肺呼吸

肺鱼生活在非洲、美洲、澳洲的热带草原气候区的水域中，它能用肺呼吸。在水里时，肺鱼用鳃呼吸；当河水干涸后，它能用由鳔进化成的原始肺呼吸。

鱼类的视觉

人眼概图　　鱼眼概图

鱼类的眼睛的生长位置各有不同，一般长在头的两侧，但也有两眼集中在一侧或两眼朝天的，更有突出在外的。

鱼类没有眼睑，所以在睡觉的时候也睁着眼。即使死了，也是“死不瞑目”。

蝴蝶鱼能将眼睛很巧妙地隐藏在体表的斑纹中，并在尾柄处或背鳍后留下一对非常醒目的“伪眼”，用来迷惑敌人。

比目鱼在出生时，眼睛是正常长在身体两侧的。为了适应海底生活，它的眼睛会逐渐移动到不贴近海底的那一侧来。

弹涂鱼的眼睛很奇怪，长在头部两侧靠上的位置，而且向外突出。弹涂鱼还能将外突的眼睛收回眼凹囊中转动，使其湿润。它这样的眼睛与它经常离开水，用胸鳍在沙地上爬行有关。
还有一种鱼叫盲鱼，它生活在黑暗的钟乳石洞中。在它出生不久后，眼睛就慢慢退化了。

鱼类的
牙齿
由于环境的不同，鱼类的牙齿也不同。这些牙齿样子不同，生长的部位不同，功能也不同，但是都紧密配合着各种鱼儿，完成猎食、撕割、咀嚼以及自卫活动。
门板状齿
这种牙齿宽且呈门板状，非常坚硬，长有这种牙齿的鱼，例如刺河豚，能咬食硬度比较大的食物。
利齿
长有锋利牙齿的鱼一般比较凶猛，嘴巴也比较大，例如金梭鱼、狗鱼、白带鱼等。
角质齿
盲鳗口内由表皮角质化形成的牙齿呈圆锥状，可以帮助它削刮、压碎和摄取食物。

咽喉齿

我们经常看到的鲤鱼、青鱼、草鱼，口中没有牙齿，可是在它们的下咽骨内侧有像臼一样的构造，能够把食物切断或压碎。

栉状齿

这种牙齿的形状就像我们日常生活中用的梳子，拥有栉状齿的鱼儿可以用它来刮食食物，如包公鱼（斜带髭鲷）。

没有牙齿的鱼

有些滤食性鱼类没有牙齿，靠鳃耙来吸食水中的浮游生物。如海马没有牙齿，靠管状吻和鳃来吸食食物。

鱼类的

御敌本领

大千世界，无奇不有。有些鱼儿其貌不扬，看似弱小，但它们身怀绝技，在生存中练就了多样而有趣的御敌本领。

气功大师

河豚和尼罗河中的膨胀鱼都有膨胀身体的本领，当敌人想要袭击它们时，它们就立即胀大身体，将敌人吓退。

电击高手

有的鱼依靠发电防御敌人、捕捉猎物，还能联系伙伴和探测地形，即使在漆黑的海底，这些鱼儿照样能找到正确的方向。

分泌毒液

有些鱼的鱼鳍与毒腺相通，当受到敌人攻击时，它们就分泌毒液赶走敌人，例如石头鱼。

锋利的牙齿

牙齿既是鱼儿的“餐具”，也是其重要的捕食工具。有些鱼儿的牙齿锋利无比，猎物只要到了它们嘴中，就插翅难逃了。

高明的伪装

有些鱼虽没有强壮的身体，也没有捕食绝技，但它们有出色的伪装技能。枯叶鱼擅长将自己伪装成一片枯叶，石斑鱼擅长将自己伪装成一块石头，马鞭鱼则擅长将自己伪装成一根棍子。

鱼类的捕食本领

鱼类吃的食物很杂，有的吃植物，有的吃浮游生物，有的吃小鱼。它们的食物与它们的消化系统有着紧密的关系。

草食性鱼类的牙齿一般比较细密，它们的直肠特别弯曲、发达，例如草鱼。

肉食性鱼类需要通过锋利的牙齿来撕咬食物，这类鱼的肠胃特别发达，消化功能很好。

滤食性鱼类的鳃弓内侧有一排又长又密的突出物，叫鳃耙。这类鱼主要吞食水中的浮游生物。

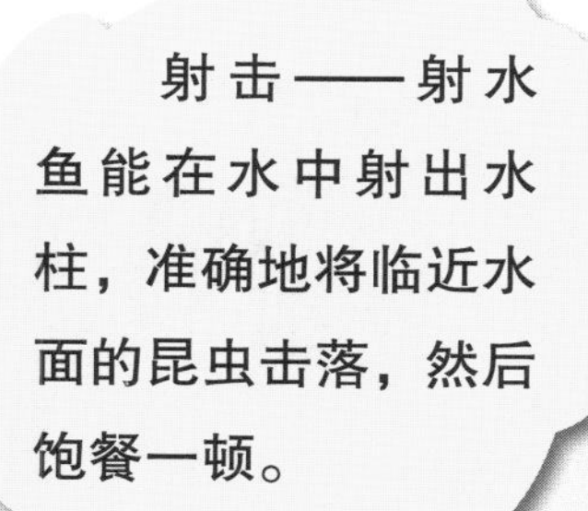

射击——射水鱼能在水中射出水柱，准确地将临近水面的昆虫击落，然后饱餐一顿。

引诱——鮟鱇善于通过头顶发光的“钓竿”来引诱猎物。

潜伏——石斑鱼、鲉都是埋伏高手，它们喜欢将身体藏在不易被发现的环境中，当目标接近时，它们就会向目标发起突然袭击。

寄生——这种鱼儿自己不干活，依靠别人生活。如雄鮟鱇出生不久就吸附在雌鮟鱇身上，并靠雌鮟鱇供给营养；小丑鱼也总是依靠海葵生活。

海洋的霸主

海洋生态

说起鱼类，就不能不说一下海洋，因为那里才是它们的天堂。在海洋中，有吃水草和浮游生物为生的鱼，也有吃小鱼甚至同类的鱼。就像陆地上的动物一样，有吃素的牛羊，也有吃肉的虎狼。

食肉鱼

凶猛的食肉鱼通常外表彪悍，体型巨大。比如鲨鱼，它们只要张开口猛吸一口，周围大大小小的鱼类，甚至连同碎石，都会随着海水直接吞到肚子里。

沧龙的进化

生活在白垩纪的沧龙是由陆地上的一种小型蜥蜴——古海岸蜥演化而来的。当时，它们时刻遭到别的动物的威胁，于是它们逃入海洋中。经过几百万年的时间，它们成功地从小蜥蜴变成了十多米长的大沧龙，开始了海洋霸主之路。只不过现在，沧龙早就成为历史的尘埃了。

在那些史前深海巨兽消失之后，体型巨大的鲨鱼和鲸成为海洋里当之无愧的王者，弱小的鱼群见到它们都会绕道而行。

深海怪兽

除了鲨鱼和鲸，海底还有一些巨型“怪兽”。说它们是“怪兽”，是因为它们张牙舞爪的样子实在太吓人了。有人曾在一个小海湾发现过一只巨型乌贼，它甩出的触须能够紧紧缠住长达六米的船。

第二章

终极王者

海洋孕育了地球上最神奇的生物，它们历史悠久，种类繁多，很多种类都能追溯到史前时期。同时，海洋也是地球上体型最大、力量最强的生物的栖息地。

白色杀手：噬人鲨

白色杀手

大白鲨可谓是大名鼎鼎，它在海洋里横行霸道，有时还会攻击船只和人类，所以它被认为是最凶残的鲨类之一，又被称为“白色”杀手。

小档案

噬人鲨又叫大白鲨，它体长约12米，在热带、亚热带和温带海洋生活。它的胃口很好，海洋中很多动物都是它的盘中餐，如各种鱼类、海豹、海豚、海龟等。

凶暴残忍，举世无双

作为最容易辨认的鲨鱼之一，大白鲨有着独特冷艳的肤色、小而有神的眼睛、大大的嘴巴、锋利的巨齿，看上去威猛极了。

大白鲨之所以被认为是最危险的鲨鱼，是因为它有时会在未受刺激的情形下对人、甚至小型船只发动攻击。

“杂耍”技巧

大白鲨大部分的时候都很凶，但偶尔也会很可爱。有时，它会把身子直立于水面，像在表演“杂耍”，实际上这是为了能在水面上找到猎物。

奇特的长相：双髻鲨

小档案

因为双髻鲨的脑袋像一把锤子，所以它又叫锤头鲨。成年之后，它体长大约4米。鱼类、甲壳动物和软体动物都是它的美味。

奇特的长相

双髻鲨的脑袋两边各有一个突起，每个突起都有一只眼睛和一个鼻孔。正是这种令人困惑并感到神奇的外貌，使它受到了许多人的青睐。

独特的立体视野

双髻鲨的两只眼睛分别长在头部突起的两边，这种独特的双眼构造使它拥有了立体感的视野。

双髻鲨在海洋中畅游时，只要稍稍扭动脑袋，就能看到身后的情况。同时，它还能看到和它垂直的区域。也就是说，双髻鲨拥有360° 全方位视野。

锤形脑袋作用大

虽然双髻鲨的脑袋像锤子，但一点都不影响它的行动。在锤子脑袋上，还有压力传感器，这能让双髻鲨准确地知道猎物的方向和速度。

粉红的凶兽：剑吻鲨

小档案

剑吻鲨是一种非常奇特的深海物种，最长可达4米。它的身体是粉红色的，还有一个没人知道作用的长鼻子。

名字的来源

剑吻鲨的身体大致呈圆柱形，吻部突出像一把短剑，因此叫作“剑吻鲨”。它喜欢生活在深海中，那里没有阳光，几乎没有天敌。

最大的敌人

2004年，剑吻鲨被世界自然保护联盟列为“低危”物种。真是往事不堪回首，昔日独霸一方的它竟然沦落到如此田地——这都是人类造成的恶果啊！因为人类滥捕滥杀，再加上水污染，所以剑吻鲨的数量越来越少了。

粉色的外衣

剑吻鲨的身体是粉红色的，这是非常独特的。因为剑吻鲨的皮肤是半透明的，而全身又密布着血管，所以看上去是粉红色的。

致命的长尾巴：长尾鲨

名字由来

因为长尾鲨长着镰刀似的长尾巴，所以才叫长尾鲨。长尾鲨的尾巴往往有身体的一半那么长，这也是它最有力的捕食武器。

小档案

在世界各地的温带和亚热带海域中，都有长尾鲨的踪迹。长尾鲨体态优美，身长可达6米，喜欢吃鱿鱼、乌贼和甲壳动物。

珍贵的物种

长尾鲨的生长速度较慢，雌长尾鲨每胎一般产3头幼鲨，幼鲨需要10年的时间才能完全成熟。长尾鲨对人类并没有什么危害，人们应该保护它！

致命长尾

在尾巴的帮助下，长尾鲨成了名副其实的海洋杀手。在捕捉猎物时，它会用长尾击水，鱼儿就吓得聚成一团。有时候，它还会用尾巴直接将猎物击晕。

锯子一样的嘴：锯鲨

小档案

锯鲨有一个很醒目的特点，那就是它的吻部突出成一长板，而且边缘还有很多锯齿，看起来狰狞可怕。锯鲨体长约 1 米，主要以无脊椎动物及小鱼为食。

巨大的反差

锯鲨的吻很长，形状像剑，边缘还排列着锯齿，鼻孔前方还有一对皮须。它可以将长嘴伸进泥土中寻找食物。从外表来看，锯鲨极具攻击性，但实际上它很温和！

胆小的锯鲨

锯鲨看起来很凶猛，但实际上很胆小。白天的时候，它经常静止不动；夜晚来临后，它才出门找东西吃；只有遭到别人的骚扰，它才会用剑一般的吻进行攻击。

捕食的锯形嘴

锯鲨的嘴与众不同，嘴巴像锯子，里面还嵌着牙齿。这一奇特的构造非常有用，锯鲨在找到猎物后，会用锯形嘴猛击猎物，将其打晕。

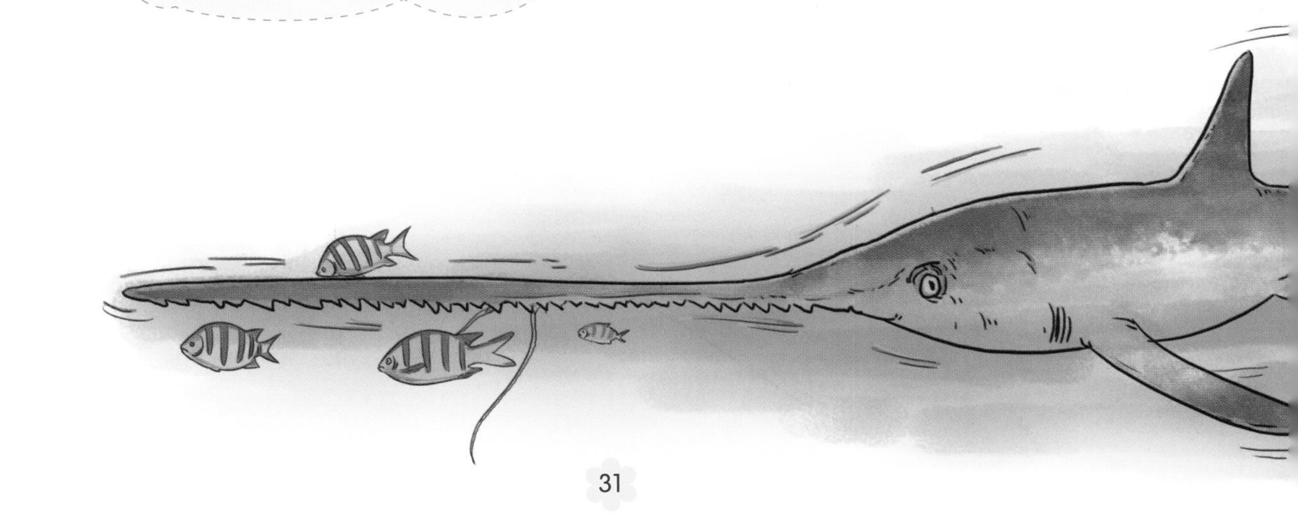

恐怖的迷你鲨：雪茄达摩鲨

小档案

雪茄达摩鲨身体小巧，体长约40厘米，体表为茶褐色，腹部为白色，因为外形像雪茄而得名。它有一双巨大的眼睛，并能发出绿色的生物荧光。

生性凶暴

海洋向来是大型肉食动物的天下，性情凶暴的雪茄达摩鲨虽体形小巧，但仍能在那里生活得很惬意，一些大型鱼类和海洋生物都是它们的美味。

独特的捕食

雪茄达摩鲨会借腹部的发光器引诱猎物，猎物上钩后，就咬住猎物，再如鳄鱼进食般不停地翻转身体，将猎物身上的肉撕扯下来。

凶猛的迷你鲨鱼

虽然雪茄达摩鲨是一种迷你鲨鱼，个头很小，但是你别小看它啦！它也是凶猛的海洋生物，它非常喜欢吃乌贼、鲔鱼。此外，它还会攻击鲸、海豚等动物，有时甚至破坏潜水艇。

海里的“大猫”：猫鲨

聪明狡诈

有时候，猫鲨会漂浮在海面上，将深色的皮肤露出来，一动也不动。鸟儿将它认作是礁石而停留。这时，它就会缓缓下沉，当鸟儿的双脚移到猫鲨头部时，它便张开大口把鸟儿吞入腹中。

小档案

猫鲨体形较小，短的只有0.4米，长的也不超过3米。猫鲨有一双恐怖的“猫眼”，在光的照射下会发出明亮的光芒，再加上它们像猫一样狡猾，所以人们称之为猫鲨。

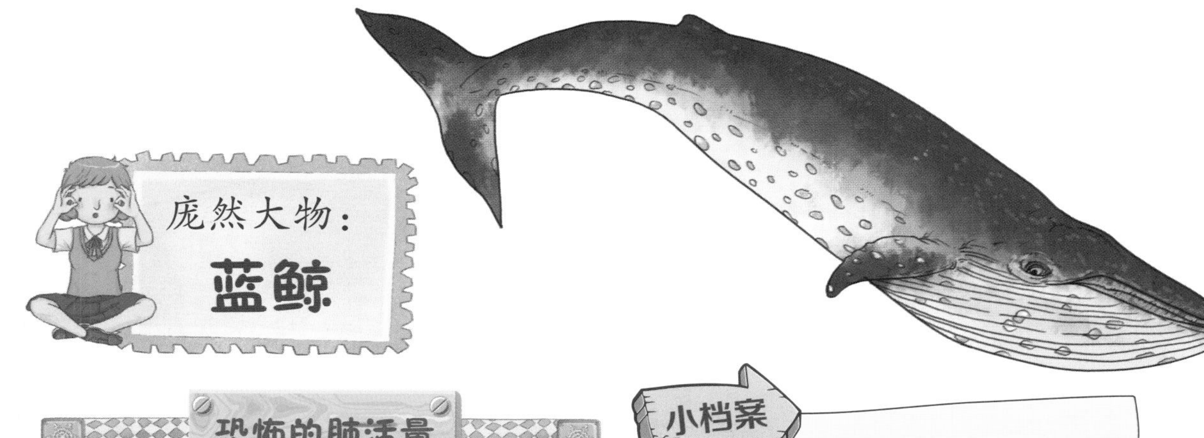

庞然大物：蓝鲸

恐怖的肺活量

蓝鲸虽然生活在大海里，但它是哺乳动物，用肺进行呼吸。蓝鲸的肺重达1000多千克，能容纳1000多升空气。这样大的肺容量，使蓝鲸呼吸的次数大大减少，十多分钟它才露出水面呼吸一次。

小档案

蓝鲸的身体呈流线型，看起来像一把剃刀，因此又叫“剃刀鲸”。蓝鲸是目前地球上已知的最大，也是最重的动物。它的个头之大可能超过了早已灭绝的阿根廷龙。

水族馆

真正的巨无霸

蓝鲸是目前地球上最大的动物，体长超过30米，体重可达200吨。它的脑袋很大，光舌头就重2.7吨，当舌头全部伸展开来时，上面能站几十个人。可是，蓝鲸刚出生时，也就和一头成年河马差不多。

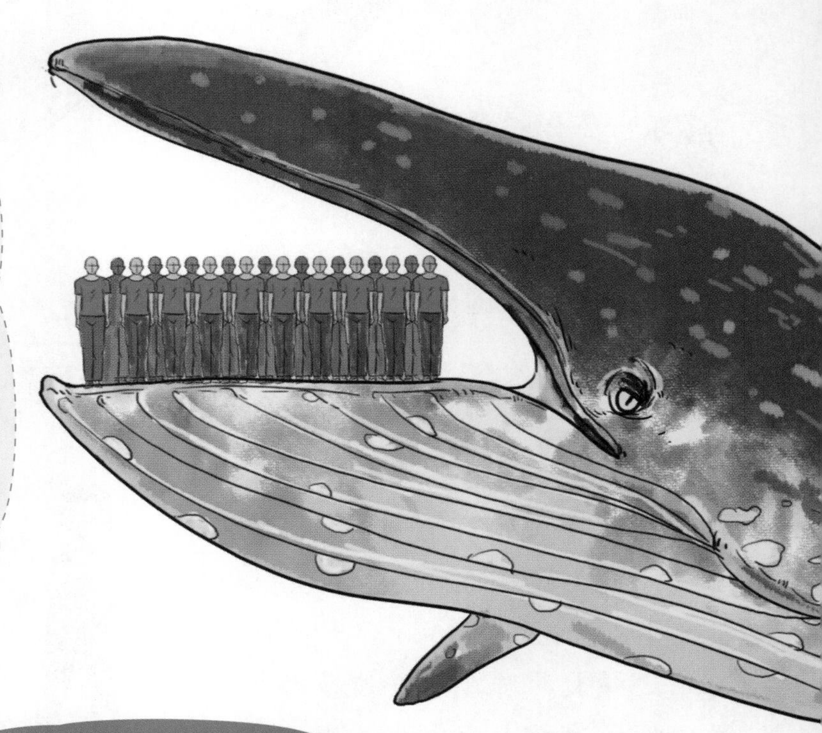

最爱的美食——磷虾

别看蓝鲸的个头很大，但它最喜爱的美食竟然是小小的磷虾，它一天可以吃掉3吨左右的磷虾。磷虾是世界上数量较多的物种之一，或许正是因为食物丰富，蓝鲸才能长得如此巨大。

海洋里的芬芳：抹香鲸

潜水冠军

在动物界中，抹香鲸拥有最大的头，所以尾巴就显得很轻巧了，因此它又被称为“巨头鲸”。在所有的鲸类当中，抹香鲸的潜水本领最好，能潜得最深，时间也最久。

小档案

抹香鲸的体形也是巨大无比，头部尤其大，可占身体的三分之一。抹香鲸体长可达20米，体重可超过50吨。它的牙齿仅在下颌生长。

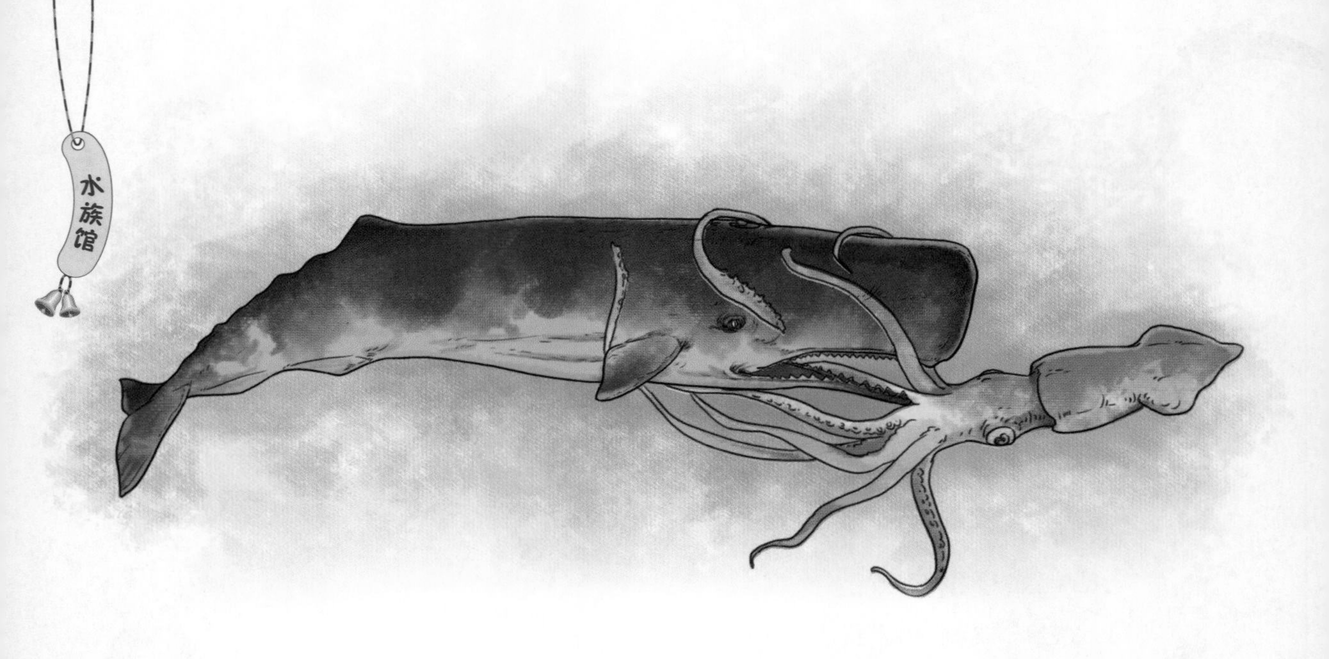

珍贵的龙涎香

抹香鲸最喜欢的食物是枪乌贼，但有时它们吃掉枪乌贼后，不能消化枪乌贼的喙，抹香鲸的胆囊就会分泌大量的胆固醇将其包裹起来。这样，就形成珍贵的香料物质——龙涎香。

与大王乌贼的决斗

抹香鲸经常和大王乌贼展开“刀光剑影”的生死搏斗。决斗的结果，不是它们吃掉大王乌贼，就是大王乌贼用触腕把抹香鲸的喷水孔盖住，使它们窒息而死。

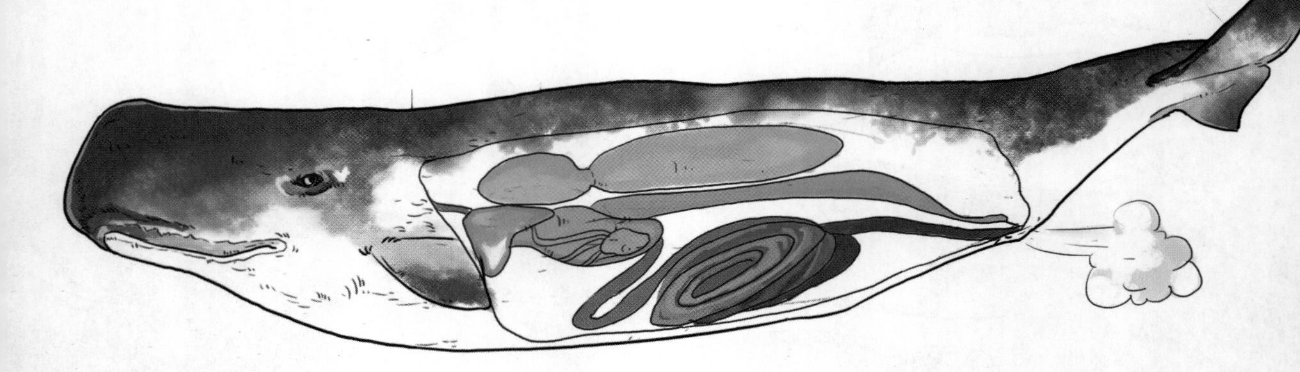

所向披靡：虎鲸

小档案

虎鲸身长8米～10米，体重约9吨，头部略圆，具有不明显的喙。它们的背鳍高而直立，长达1米；身上有黑、白两色。

杀手鲸

虎鲸性情凶猛，善于进攻，在海洋中所向披靡，是海豚、海豹等动物的天敌。有时候，虎鲸还会集群袭击其他鲸类，因此人们叫它们为“杀手鲸”，不过，它们很少攻击人类。

相亲相爱一家人

虎鲸喜欢群居生活，有两三只的小群，也有四五十只的大群。虎鲸经常会用胸鳍互相接触，显得亲密和团结。如果有伙伴受伤了，虎鲸会前来支援，用身体托起它，使它能继续漂浮在海面上而不至于溺亡。睡觉时，虎鲸也是聚集成群，并保持一定程度的清醒。

海中霸王

有时候，虎鲸会采用团体合作的方式捕食。它们从隆额发出的超音波，可以互相沟通和联系，并策划战术。它们还会合力将鱼驱赶到一起，然后轮流钻入鱼群中取食。

海洋音乐家：座头鲸

小档案

座头鲸不是世界上最大的鲸，但同样是一个庞然大物。它身体长约 13 米，体重约 30 吨。座头鲸性情温顺，游泳速度也不快。

为人钟爱

座头鲸以跃出水面的姿势、超长的“前翅”等闻名。它们多数成对活动，成年之后，常以相互触摸来表达感情。座头鲸常发出类似唱歌的声音，因此受到海洋生物学家、音乐家、摄影师等的钟爱。

水泡捕猎法

座头鲸最独特的猎食技巧被称为水泡捕猎法。它们先在鱼群的下方围成一个大圈，然后迅速游动，利用喷水孔向上喷气形成水泡，把鱼群逼得十分密集。时机成熟后，它们就会张开大口向上蹿，一口吞下数以千计的小鱼。

神秘之歌

座头鲸能够表演无与伦比的海洋大合唱。在大海的音乐厅里，它们发出的声音复杂多变，“悲叹”“呻吟”“长吼”“打鼾”等多种不同的声音交替反复，且节奏分明，抑扬顿挫，恰似盛大的交响乐。

第三章

爱穿花衣的鱼

在美丽奇妙的水底世界，那里生活着无数美丽的鱼儿，它们形态各异、五颜六色，犹如穿上了花衣裳的小姑娘，让人格外怜爱。现在，就让我们去领略一下它们的风采吧！

雍容华贵：孔雀鱼

小档案

孔雀鱼又叫彩虹鱼，从这个名字就可以想象它的美丽了。孔雀鱼体态玲珑，身体长约4厘米，性情活泼好动，是人类最爱饲养的一种热带观赏鱼。

美丽的外形

孔雀鱼的体形修长，有一条又长又美丽的尾鳍。尾鳍长度可占身体的一半以上。尾鳍五彩缤纷，有蓝色、黄色、紫色、淡绿色等色彩，游动起来像一把正在扇动的小扇子，好看极了！

鱼类中的孔雀

和鸟类中的孔雀一样，雄孔雀鱼要比雌孔雀鱼漂亮很多。雄鱼体色斑斓多彩，有红、橙、黄、绿、青、蓝、紫等颜色，尾鳍和体腹上有蓝红色圆斑，周围还有淡色环纹，就像孔雀尾羽上的花纹，因此得名为孔雀鱼。

千姿百态的孔雀鱼

有一种孔雀鱼叫“马赛克”，它们的尾部色彩绚丽，且分布有序，犹如镶嵌细致的马赛克工艺品。

还有一种孔雀鱼叫礼服孔雀鱼，它们的后半身为黑色、深蓝色或其他颜色，尾鳍上没有任何斑点或花纹，整体感觉素雅大方，如穿着晚礼服的美人一般。

美丽小精灵：小丑鱼

名字来由

小丑鱼外形美丽可爱，可为什么叫“小丑”呢？因为它的脸上长有一条或两条白色的条纹，像极了京剧中的丑角，所以人们叫它为小丑鱼。

小档案

小丑鱼体形娇小，即使最大的也才长10厘米左右。它生活在热带咸水珊瑚礁中，与海葵有着密切的关系，因此又叫“海葵鱼”。

变性大当家

小丑鱼的领域观念很强烈，决不允许别的鱼占领自己的领地。在每个家庭中，都有一只雌鱼做“大当家”，它和配偶一起守护自家领地。如果雌鱼离去，雄鱼就会在几个星期内让自己转变为雌鱼，誓死守护自己的领地和家族。

海葵的“房客”

为了能生存下去，小丑鱼为自己找了个“房东”——海葵。对很多鱼类来说，海葵的触手就是噩梦，然而小丑鱼丝毫无惧。同时，它的体表会沾满海葵分泌的黏液，一方面可以防止被海葵蜇伤，另一方面可以让海葵辨别出它的“房客”身份。久而久之，小丑鱼和海葵形成了一种共生关系。

色彩斑斓：虎皮鱼

小档案

虎皮鱼的原产地是马来西亚、苏门答腊岛等内陆水域。它的身体偏高，似菱形，侧扁，体长五六厘米。体色基调浅黄，布有红色斑纹和小点。

名字来由

虎皮鱼的身体从头至尾有四条墨绿色偏黑的宽条纹，犹如虎皮，因而得名，它又被人称为“四间鱼”。它的尾鳍、腹鳍、背鳍和吻部还点缀着少许红色斑点。

群居生活

虎皮鱼喜欢在水中嬉戏，喜欢捉弄比它们游得慢的鱼儿，譬如燕鱼。燕鱼非常怕虎皮鱼，只要看到虎皮鱼就会匆匆逃跑。虎皮鱼身手要敏捷得多，因此每次都会把它们咬得七零八落。

甜蜜的情侣

虎皮鱼和人类一样拥有甜蜜、幸福的爱情和婚姻。雌鱼追求雄鱼的时候非常热烈、浪漫，它会紧跟在雄鱼身边细心地照顾雄鱼、保护雄鱼。恋爱中的雄鱼就像一个满脸羞涩的小男孩，红色的鳍会变得鲜艳夺目。感情稳定后，这对甜蜜的情侣就会找一个水草茂盛的地方安家，繁衍后代。

编织睡衣的鱼：

鹦鹉鱼

小档案

鹦鹉鱼有很多种艳丽的颜色，像鹦鹉一样漂亮，再加上它的嘴和鹦鹉的嘴也很像，所以人们称之为鹦鹉鱼。鹦鹉鱼大小不一，鳞片较大，生活在热带珊瑚礁中。

不抛弃，不放弃

很多人都喜欢鹦鹉鱼，这不仅是因为它们长得漂亮，而且是因为它们有团结互助的精神。如果有鹦鹉鱼被鱼钩钩住了，其他鹦鹉鱼就会去帮忙。有的放哨，有的咬鱼线，大家分工明确，最后将同伴从鱼钩上救回来。

我能织“睡衣”

每到傍晚，鹦鹉鱼就开始给自己织“睡衣”。它先从嘴里吐出白色的丝，然后利用灵活的腹鳍和尾鳍将白丝一层一层地缠到身上，不久“睡衣”就织成了，晚上睡觉时它就会穿上“睡衣”。有时候“睡衣”织得太结实了，第二天还要费很大的力气才能把“睡衣”弄破。

随环境而改变

铅笔鱼的食性很杂，偏爱活食。为了适应环境的变化，它的口味也会改变，对人们投放的饲料，也能接受。因为只有这样，它们才能生存下来。

小档案

如果有一天你到南美的亚马孙河游玩，就可能发现河里有一支会动的“铅笔”——这就是铅笔鱼。铅笔鱼的身体呈长梭形，体色是浅黄的。

天生享乐派：铅笔鱼

悠闲的生活

铅笔鱼看起来有点凶，所以人们认为它是一个凶猛的捕食者。其实不是这样的，它和伙伴们相处得很友好，它们在旅途中漫步、嬉戏，累了就停下来休息。只要你了解一下它的生活状况，你就会觉得它是一个天生的享乐派！

兄弟姐妹一家亲

铅笔鱼的种类很多，有活泼好动、领域意识强的条纹铅笔鱼，有习性温和的红鳍铅笔鱼，有喜欢在水面竖着移动的尖嘴铅笔鱼，还有被人们视为稀有珍贵鱼种的火焰铅笔鱼。别看火焰铅笔鱼名字里有“火”，它也是很温柔的鱼！

金鳞仙子：金鱼

小档案

金鱼是土生土长的中国鱼，被人称为“金鳞仙子”。金鱼在中国生活了千年之久，无论环境怎么变化，它都生存了下来。在人们心中，它是和平、幸福、吉祥、富贵的象征，是被公认的世界上最早的观赏鱼，金鱼还经常出国成为别人的嘉宾呢！

神奇的鳞片

金鱼各部位的鳞片颜色和透明度都不一样，透明度高的鳞片在阳光的照耀下闪闪发光，像一颗颗宝石，美极了。鳞片还能显示金鱼身体的健康状况，鳞片在正常情况下鲜艳亮丽；如果身体出了问题，鳞片就会失去光泽或颜色变暗。

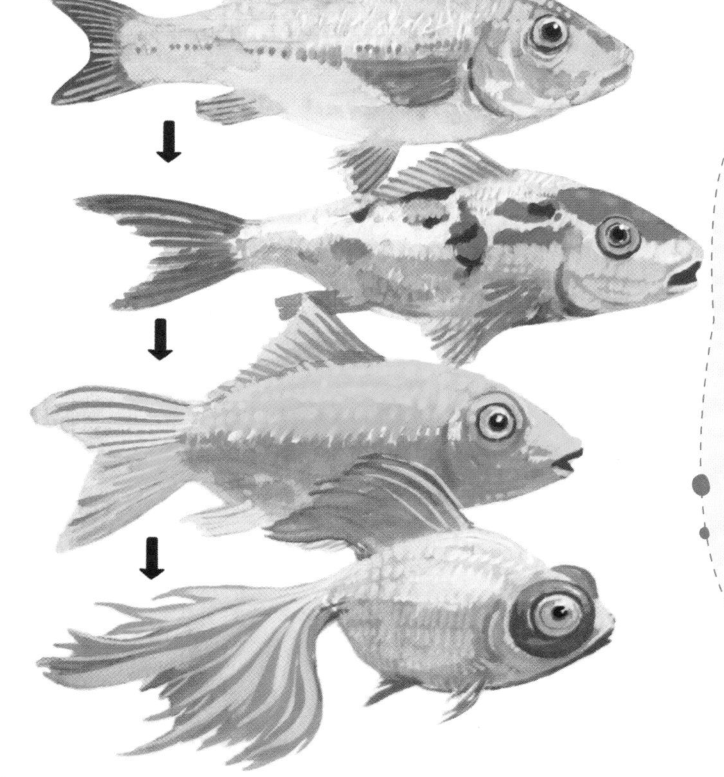

鲫鱼的美丽蜕变

金鱼是由野生鲫鱼演化而来的彩色变种，外衣由原来的银灰色变为红黄色，然后又逐渐由红黄色变为各种不同的颜色。

后来，人们发现了这些美丽的鱼儿，于是开始在家里饲养，并称它们为金鱼。

水中活宝石：锦鲤

小档案

锦鲤又被称为“水中活宝石”“会游泳的艺术品”。它色彩艳丽、花纹多样，雍容华贵。锦鲤是鲤科鱼种中最大的一种，体长可达1.5米。

曾经的神鱼

锦鲤原产自中亚，最初，它只是皇家贵族和达官贵人的观赏鱼，平民很难看到，人们便称其为“神鱼”，给它戴上了神秘的面纱。后来，锦鲤辗转到了中国和日本，并在日本得到了精心培育。

巨星的成长

锦鲤深受全世界人们的喜爱。在日本，人们将锦鲤选为“国鱼”；在中国，因为“鲤鱼跳龙门”的故事，锦鲤被人们视为飞黄腾达、官运亨通的象征，因此它在人们心目中的地位自然很高。

老寿星

锦鲤的寿命很长，一般可以活到 70 岁。如何辨别锦鲤的年龄呢？教你们一个简单的方法——看它身上的鳞片。锦鲤鳞片上有多少年轮（一圈一圈的同心圆），它就有多少岁。

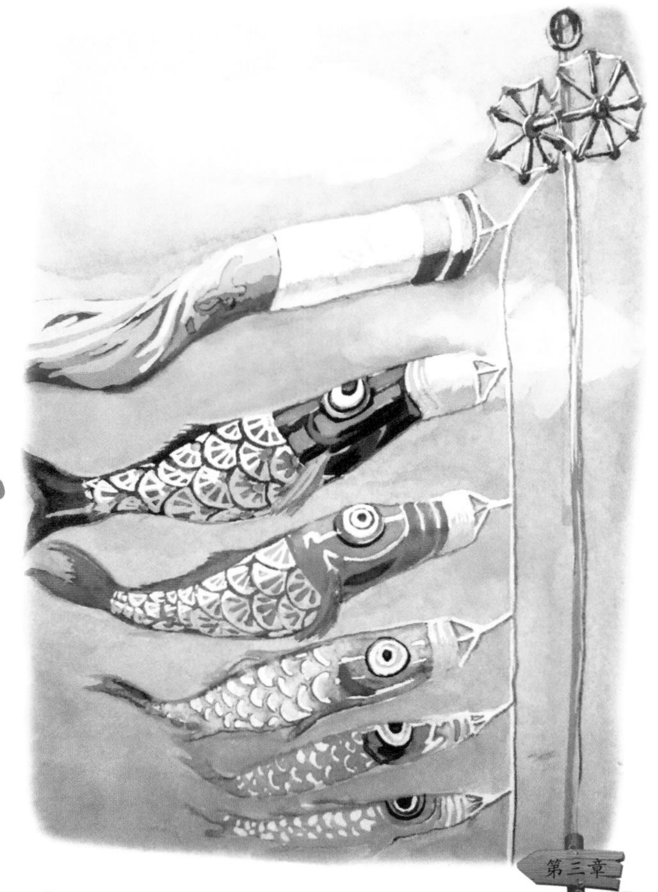

王者风范：
金龙鱼

小档案

金龙鱼是一种大型的淡水鱼，成年后身体可达半米。它的嘴角长着长长的胡须，身穿闪闪发光的“鳞片衣”。鳞片又圆又大，鳞片间有很清晰的界线，像人工排列般整齐。在阳光照耀下，鳞片能散发出金黄色的光芒。

神秘的外衣

金龙鱼喜欢在温暖的河流中沐浴，享受美好的生活。当阳光亲吻水面时，它们的鳞片就会发出耀眼的光芒。同时，它们的鳍也会展示出不同的色彩，真是好看极了！

与龙的不解之缘

近年来，金龙鱼成为了观赏鱼市场上最受欢迎的明星，这是因为它们不仅看起来很美丽，而且，金龙鱼与龙在外形上有相似之处，而龙在中国有着特殊的文化意义。

海洋中的“马”：海马

小档案

海马的头部像马，尾部卷曲，是一种小型海洋动物，身长5厘米～30厘米。与其他海洋生物不一样，海马行动迟缓，根本没有高超的游泳技术。

名字来由

强健的马儿喜欢在陆地上奔驰，而海马喜欢在水里舞蹈。大家可能很好奇，它明明生活在海中，与陆地上马儿的身形和生活习惯都相差甚远，为什么叫海马呢？那是因为它的脑袋与陆地上马的头很相似。

好朋友是海藻

海藻是海马最好的朋友。这是因为海马虽然是鱼，但它的速度实在太慢了，这时海马就会用弯曲的尾巴拉住海藻伸出的援助之“手”。白天，海藻在一旁欣赏海马独特的舞蹈；晚上，海马就攀附在海藻身上睡觉。

育儿袋

海马的性别很容易区分，只需要看它们的肚子上有没有“育儿袋”——雄海马有腹囊（“育儿袋”），雌海马则没有。雌海马把卵产在雄海马腹部的“育儿袋”中，再由雄海马孵化。

水族馆

美丽妖娆：

蝴蝶鱼

小档案

蝴蝶鱼是海洋中最爱打扮的鱼儿，常常披着“五彩霞衣”穿梭于珊瑚礁中，好似花丛中的蝴蝶。蝴蝶鱼体形娇小，为了能在海洋中生存，常常通过伪装自己的眼睛和不断改变体表的颜色来躲避敌人的侵害。

巧妙的伪装

蝴蝶鱼色彩绚丽，还能随着周围环境的变化而发生改变,而且改变的速度很快，只需要几秒钟或几分钟。前一刻它穿着黄黑相间的条纹外衣,下一刻就发生变化了。

此外，蝴蝶鱼还将自己的眼睛藏在头部的黑色条纹中，然后在尾柄处或背鳍后伪装出一对非常醒目的“伪眼”，让敌人发生误会。

海中鸳鸯

蝴蝶鱼是专一的爱情守护者，它和另一半形影不离，有人羡慕地称它们为“海中鸳鸯”。同时，蝴蝶鱼夫妇也是最默契的搭档，当一个在吃东西时，另外一个就在旁边防卫。

河中的荧光棒：宝莲灯鱼

小档案

宝莲灯鱼的体形较小，只有几厘米长，身体中部有蓝色纵带，纵带下方呈红色。它生活在南美洲温暖的河流当中，性情温和，泳姿欢快活泼，十分讨人喜爱。

河中的荧光棒

很多小朋友都喜欢荧光棒，而宝莲灯鱼就是有生命的荧光棒。它生活在南美洲光线暗淡的河底，用身体照亮前进的道路。如果你认为它装了小灯泡，那你就错了——它体表长着会发光的鳞片！

水中"萤火虫"

宝莲灯鱼的身体是一个神奇的发光体。在它的眼后部到尾巴处有一条宽而明亮的蓝色纵带，这条蓝色纵带能发出醒目的蓝色光芒。纵带下方至尾部有一片发着红色光芒的斑块，十分显眼。在光线暗淡的河底，宝莲灯鱼时蓝时绿，极为美丽。

饲养请注意

很多人因为宝莲灯鱼神奇的发光本领而把它领养回家，但前提是你得清楚它们的生活习性。宝莲灯鱼喜欢昏暗、安静的环境，因此如果你想饲养它们，不妨在鱼缸中栽种一些水草。

浪漫的恋人：
接吻鱼

小档案

接吻鱼又名香吻鱼、桃花鱼，是一种热带淡水鱼，它的身体呈长圆形，一般为乳白色或淡粉色。接吻鱼的嘴巴像一朵盛开的喇叭花。见到某些同伴时，它们就开始“接吻”，在人们眼中，它们是浪漫多情的恋人。

简单的生活

接吻鱼生活在东南亚的部分河流中，它对生活环境要求不高，生性爽朗随和，在水中游动的速度很慢。接吻鱼的食性很广，从不挑食。

“甜蜜”的战斗

接吻鱼和某些伙伴相遇时，会伸出嘴用力地碰在一起，如同情人接吻，人们通常认为这是恋人之间在表达爱意。事实上，这种看法是错误的，它们“接吻”其实是在以一种特殊的方式争夺领地。

忠诚的朋友：罗汉鱼

小档案

罗汉鱼又叫彩鲷，它身体侧扁，额头高而突出，体表颜色丰富，生活在热带或温带淡水中。

罗汉鱼是由一种与其外形相似的“青金虎”的观赏鱼改良而来的，身上有明显的青金虎标志——高寿头。不同的是，罗汉鱼的头型更具观赏性，体色也更加亮丽，因此它成了人们家中的新宠儿。

多福高寿

罗汉鱼特殊的外形往往使人想到传说中前额突出、手托寿桃的老寿星。它红润的脸庞和高耸的额头象征着多福高寿，因此人们十分喜爱它。罗汉鱼两侧长着形态各异的黑斑鳞，人们认为这些黑斑能够催财。

充满灵性

罗汉鱼个头虽小，但绝不是柔弱之辈，它对其他鱼儿很不客气。不过，罗汉鱼对主人极其友善，主人来到鱼缸边，它就会亲昵地游过去和主人一起嬉戏。看到罗汉鱼如此聪明、乖巧，主人当然会喜爱至极。

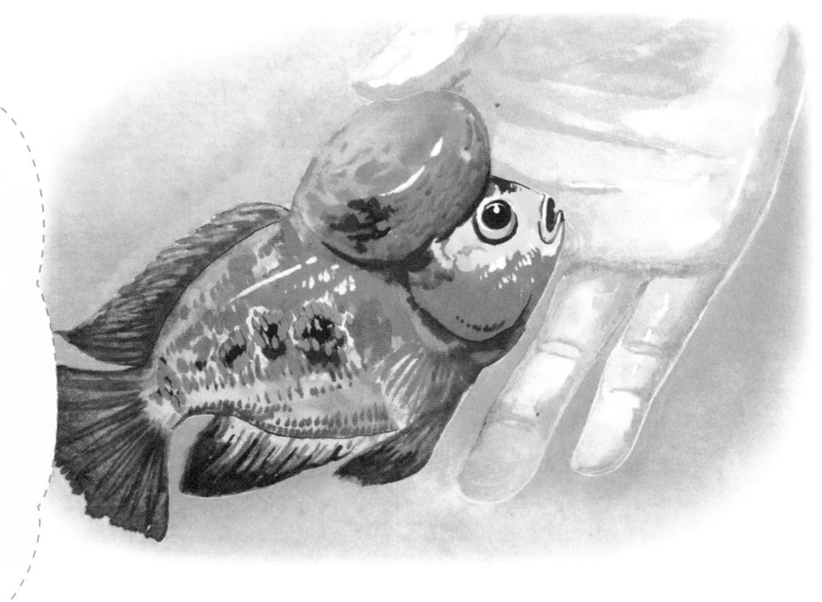

观赏鱼中的皇后：燕鱼

观赏鱼中的皇后

燕鱼是一种非常典型的热带鱼，它的身体呈菱形，鱼鳍十分对称地向后生长着，就像海中扬起的帆。燕鱼游泳的姿态高雅、优美，深受人们的喜爱。

小档案

燕鱼游动时宛如张开翅膀飞翔的燕子，它又叫神仙鱼。燕鱼性格温和，对水质也没有什么特殊要求，是一种著名的观赏鱼。

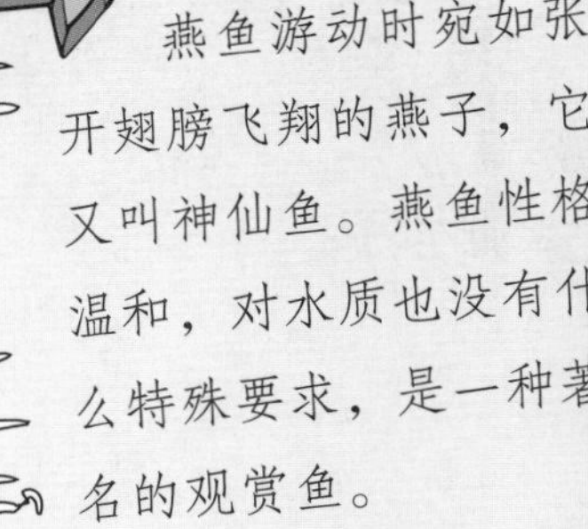

高雅的舞姿

在人们看来，燕鱼是美丽与高贵的象征。它在水中游行的姿态与燕子在天空中飞行的姿态十分相似，动作潇洒、轻盈，姿态优美，因此被人们称为“观赏鱼中的皇后”。

海中的神仙伴侣

在广袤的海底世界中，燕鱼是自由恋爱的倡导者和践行者。当它找到另一半时，它们就会脱离“大家庭”，去建立属于自己的“家”。燕鱼夫妇一起游泳，一起捕食，过着神仙般悠闲的生活。

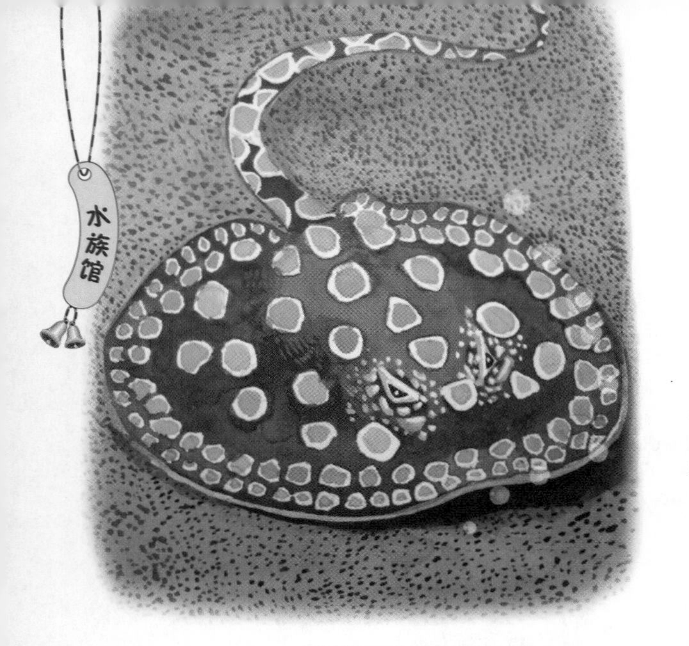

巧妙的伪装者：
魟鱼

御敌本领

魟鱼与赫赫有名的鲨鱼是近亲。魟鱼能在险恶的环境中生存，因为它有独特的生存本领——伪装术。通过伪装，魟鱼能轻易捕捉到猎物，也能更好地防御敌人。

小档案

魟鱼的祖先生活在久远的侏罗纪，它身体扁平，呈圆形或菱形，胸鳍像蝶翅，尾巴呈鞭状，看上去有点古怪。

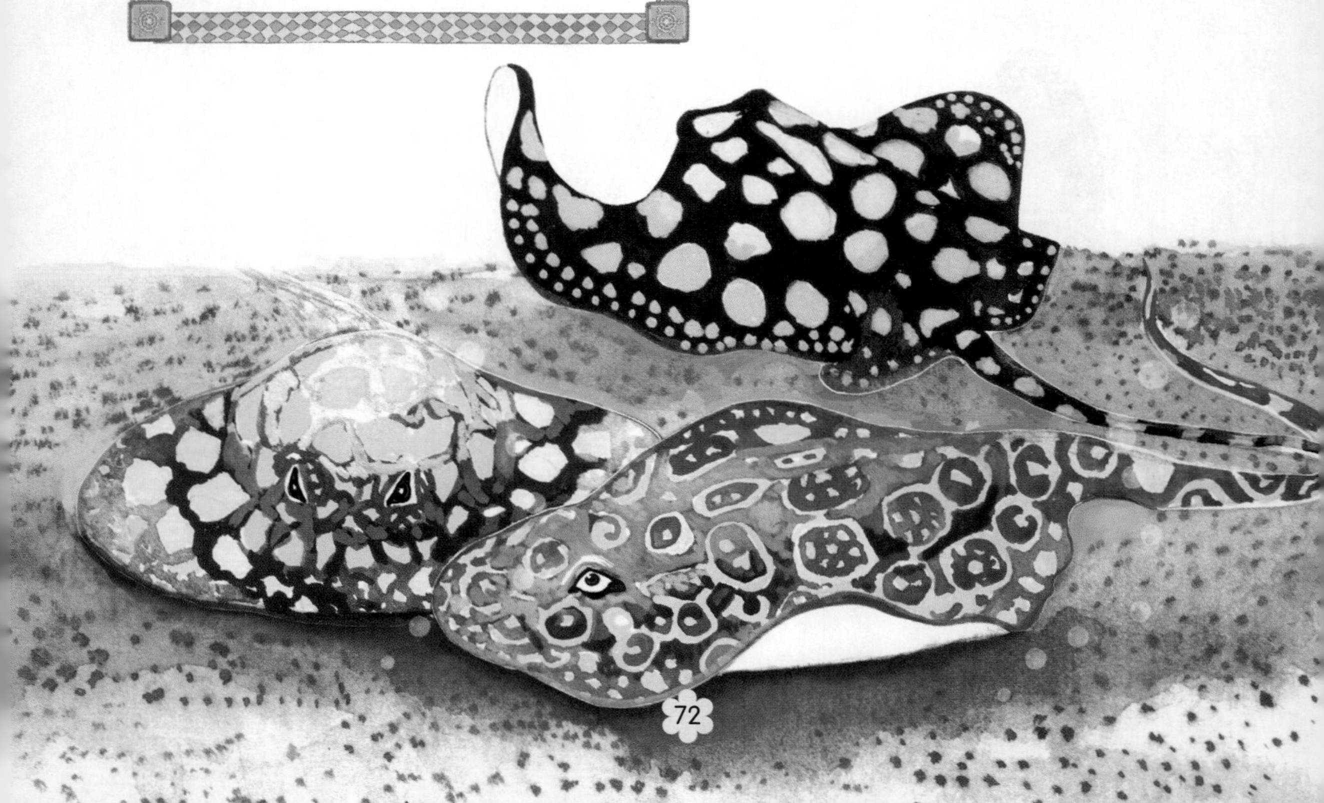

水底的杀手

虹鱼体表的颜色与水底沙土的颜色非常相似，加上身体很薄，它通常会在身上盖一层泥沙伪装起来。当水底的鱼和贝类接近时，它就会突然袭击。别看虹鱼长得老实，要是惹怒了它，它可是会发脾气的，尾柄上的毒刺会让侵犯者记忆深刻。

古代软骨鱼

虹鱼起源于久远的侏罗纪，历经长时间的演变，与它同时代的恐龙变成了化石，而它却依旧活得好好的。虹鱼和鲨鱼同属于软骨鱼类，但是鲨鱼的起源要早一些。

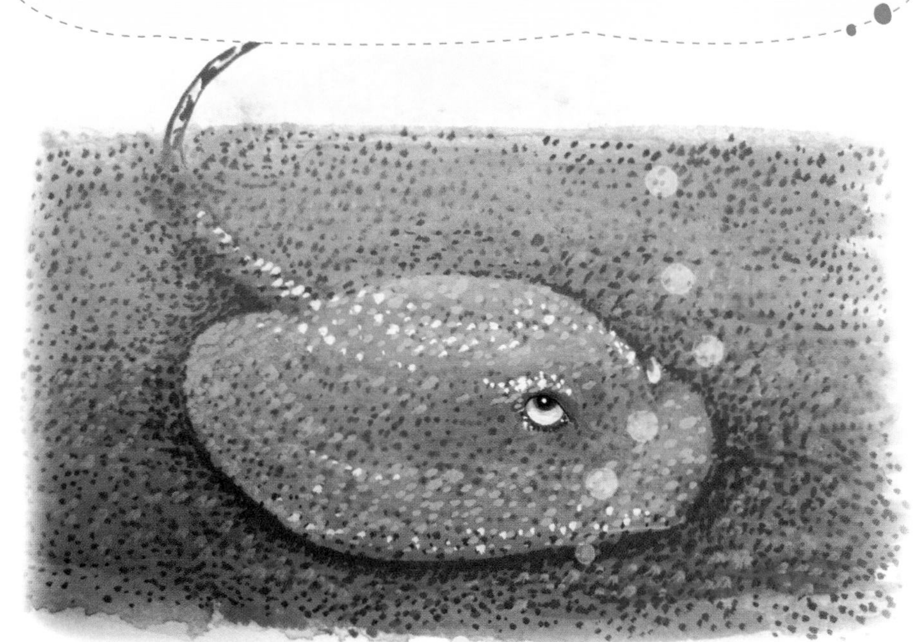

运动健将：鼠鱼

最爱冲浪

鼠鱼平时躲在水草中休息，但那其实是在为“冲浪”积蓄力量，因为它喜欢在水流比较湍急的地方“冲浪”。饲养鼠鱼时，可以在鱼缸中种一些水草，并安装一个扬水泵，那么它就可以表演精彩的“冲浪”了。

小档案

鼠鱼身体较小，嘴边长着可爱的小“胡须”，游动时酷似在水中前行的小老鼠，因此叫作鼠鱼。鼠鱼的故乡在南美洲亚马孙河河域。

第四章

身怀绝技的鱼

生活在水里的鱼形态各异，品种繁多，靠鳃呼吸，靠鳍游泳，行动或迅捷或缓慢。但是在自然界中，奇迹时刻发生，意外不断出现，有些鱼不甘于平淡，练就了一身与众不同的绝技。

会飞的鱼：飞鱼

小档案

飞鱼是一种很特别的鱼，因为它能飞。飞鱼的胸鳍很发达，就像鸟儿的翅膀，体形呈流线型，这样的身形对它在海中的行动非常有利。

我们在大海上航行时，常常能观赏到飞鱼的精彩表演。飞鱼常常集群跃出水面，迎着洁白的浪花腾空飞翔。因此，它们又叫“海中飞行员”。

会飞的鱼

飞鱼想飞时，会先在水中高速游动，胸鳍紧贴于身体两侧。要冲出水面时，它的尾巴会用力拍水，身体便像离弦的箭一样射向空中。靠尾部强大的推动力，飞鱼能“飞行”上百米远。尽管它只是一条鱼，但“飞行”的姿态毫不逊色于鸟类。

“飞行”的理由

在斗争激烈的海洋中，飞鱼经常受到鲨鱼、剑鱼等凶猛鱼类的追杀，在万般无奈的情况下，它就学会了“飞行”。遭遇敌人的追捕时，飞鱼就会跃出水面，以逃避危险，但这又会遭遇海鸟的毒手。

离水能活的鱼：肺鱼

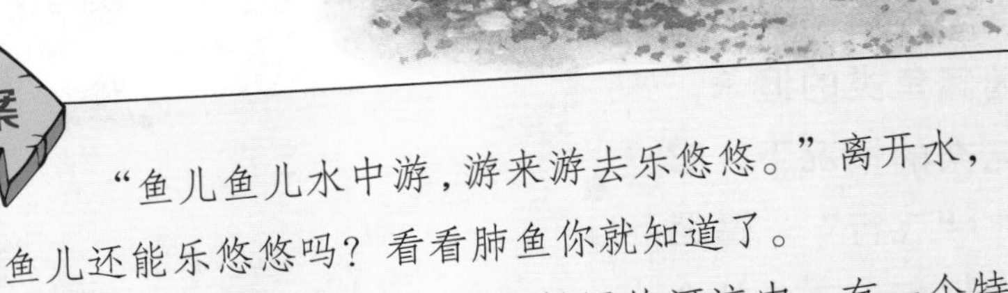

小档案

“鱼儿鱼儿水中游，游来游去乐悠悠。”离开水，鱼儿还能乐悠悠吗？看看肺鱼你就知道了。

肺鱼生活在热带草原气候区的河流中，有一个特别的“肺”（其实是鳔）。在水中的时候，肺鱼用鳃呼吸；离水之后，它用“肺”呼吸。所以在没有水的情况下，肺鱼也能存活一段时间。

爱在泥土中过夏天

每到旱季，河水大量蒸发，肺鱼就无家可归了。这时，它会用尾巴在泥泞地里打一个可以容纳身体的洞，然后在洞里休息，这段时间它也不会出去捕食，而是靠体内储备的脂肪来维持生命。雨季来临之后，它才会“破土而出”，外出捕食、玩耍。

爱心爸爸

雌肺鱼排卵后，雄肺鱼就会认真看护。雄肺鱼有个高超的本领，它的腹鳍一到繁殖期就会长出许多富有微细血管的突起，雄肺鱼将血液中的氧气通过微细血管释放到水中，为孩子的成长创造一个良好的环境。

小档案

电鳐拥有神奇的发电魔力。在电鳐的头胸部的腹面两侧，各有一个蜂窝状的“发电器”，“发电器”呈六角柱体，叫“电板柱”。电鳐发出的电可以点亮灯泡，可以带动小朋友手中的电动玩具，也可以击毙比电鳐大得多的敌人。电遥不是一条好打交道的鱼儿，充足的电力很容易伤害到别人。你如果看到它，请不要轻易去招惹！

海洋发电站：电鳐

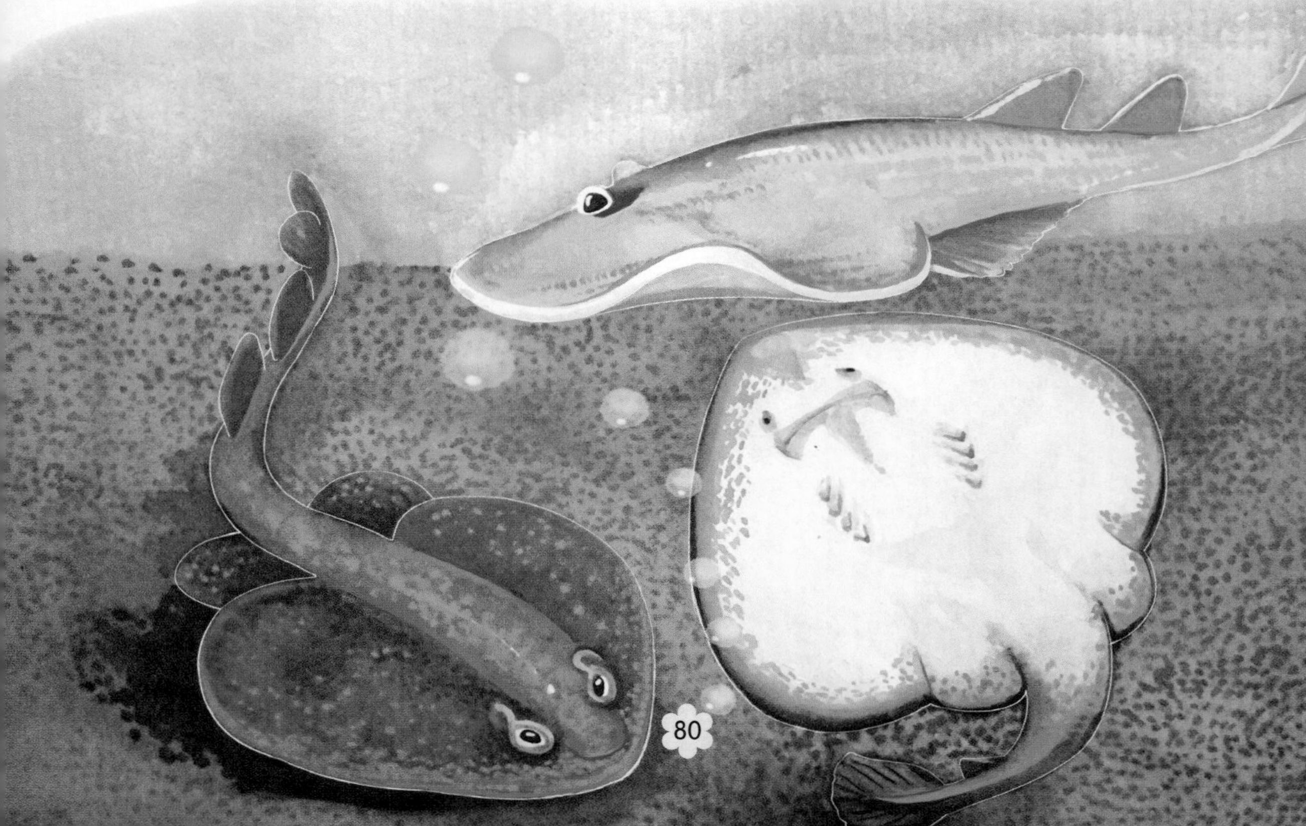

水中魔王

电鳐生性懒散，喜欢一动不动地躺在热带及亚热带近海海底。它可以通过电磁感应来感知周围环境的变化，一旦发现猎物，就放电将猎物击毙或击昏，然后饱餐一顿。因为电鳐有此绝技，所以许多猎物视它为水中魔王。

医用价值

在医学技术还不发达的古希腊和古罗马时代，人们就开始利用电鳐的放电来治疗风湿等疾病。直到今天，还有许多患有风湿病的老人在海滩上寻找电鳐的身影，以便让它给自己缓解病痛。

钓鱼高手：鮟鱇

小档案

鮟鱇是一种深海鱼，全身没有鳞片，头大而扁，长得青面獠牙，面目狰狞，可以算是海洋里最丑的鱼。鮟鱇的身体笨重，游泳相当困难，只能用手臂一样的胸鳍贴着海底缓慢爬行。

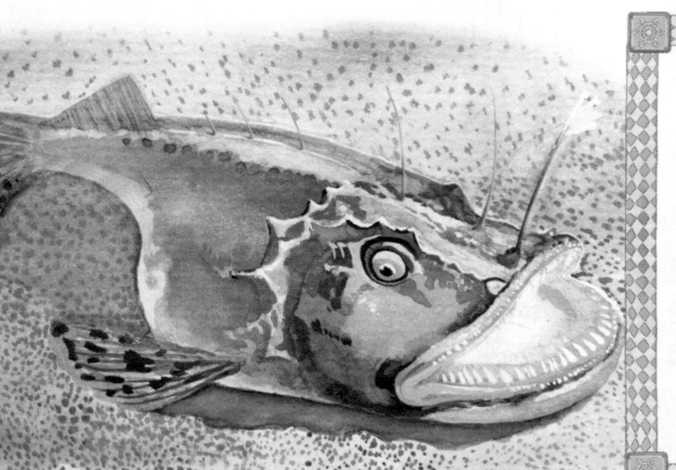

很丑但很快乐

“鮟鱇”的名字让人不禁想到平安、健康？但是鮟鱇并没有因为名字吉祥而获得人们的青睐。相反，还因为丑而被人们嫌弃。不过，这并不能影响它们天生乐观的性格和简单快乐的生活。

万无一失的“钓竿”

虽然鮟鱇是鱼类，但它也是“钓鱼”高手，它的“钓竿”长在头顶上，是背鳍的一部分。这根“钓竿”不仅能自如地摆动，还能收起来。在“钓竿”的顶端，有一个发光的诱饵。诱饵忽明忽暗，小鱼们以为是一只小虫，便兴奋地扑过来捕捉。当它们接近诱饵时，鮟鱇就快速地将它们吸入口中，美美地饱餐一顿。

相伴到老

在辽阔的海洋中，雌鮟鱇和雄鮟鱇一般很难遇上，如果遇上并且相互有好感，它们就会终生守护对方，并且由雌鮟鱇担负“养家糊口”的重任，过着平凡又甜蜜的生活。

水底活雷达：长颌鱼

大自然的恩赐

夜晚，长颌鱼把头扎进淤泥寻找食物，一下子就把水弄浑浊了，不过这对它洞察敌情没有不利，因为它的视力本就不太好。幸好，长颌鱼有一套完美的“雷达系统”，才让它生存下来。

小档案

长颌鱼生活在非洲中西部的河流当中，体长约 1 米。它的体形看上去像一把弯刀——尾巴是刀柄，身体是刀身。因为长颌鱼的长吻就像大象的长鼻，因而又叫象鼻鱼。

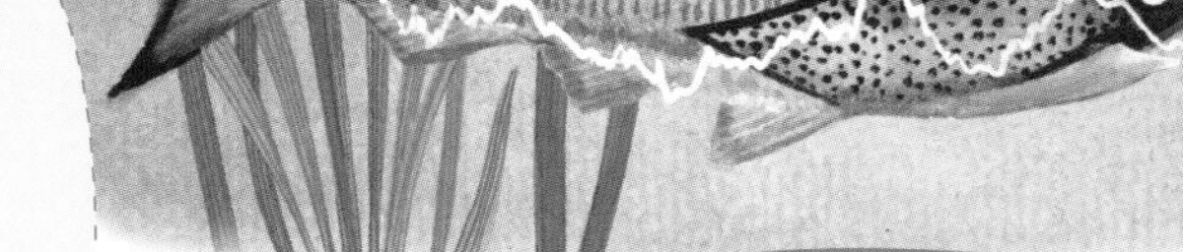

“雷达”的原理

长颌鱼的尾部有一个能发出微弱电流的发电器，电流变化所传达的信号能被头部的神经细胞接收，就这样，长颌鱼周围就形成了一个电场。长颌鱼靠这个电场来感知周围的变化。

“雷达”的作用

一旦有物体在长颌鱼的身边出现，电场就会受到干扰，它通过电场的变化来判断该物体是障碍物还是猎物，又或是强大的敌人！

水中狼族：食人鱼

小档案

食人鱼恶名在外，它体形较小，颈部较短，下颚突出，体长20厘米左右，生活在南美洲的热带河流之中。

水中狼族

你们千万别因为食人鱼个头小就不把它当回事。它的胃口大着呢！就算是一头大活牛，它们也能在短时间内将其吃得只剩一堆白骨！食人鱼名字恐怖，但它并不吃人，只是有人去侵犯它时，它才会咬人。

群体捕食

食人鱼常常合作袭击比自身大几十倍的动物。首先，它们会策划一套巧妙的“围剿战术”；攻击敌人时，它们先向敌人的致命部位下手，如眼睛、尾巴等，让它们失去反击或逃生的能力；然后它们轮番发起攻击，这样就能快速将敌人置于死地。

致命弱点

别看食人鱼在围剿猎物时速度很快，但它们在水中游动的速度很慢，这对于猎物来说也算是一件值得庆幸的事。

食人鱼的视力不好，而亚马逊河的河水很浑浊，不利于它们捕食。当猎物在不远处看到食人鱼时，早就逃跑了。

小档案

枯叶鱼生活在南美洲的亚马逊河，它身长10厘米，体高侧扁，酷似一张树叶。头吻部较尖，口裂下斜，下颌突出，上有一硬触须。

枯叶鱼的背鳍、臀鳍的鳍基很长直至尾柄，胸鳍小，而且基本透明，用来保持身体平衡。眼睛部位有彩带，这有利于它们伪装成落叶。枯叶鱼是具伪装能力的珍贵鱼种。

飘零的“落叶”：枯叶鱼

伪装成“树叶”

枯叶鱼的身体扁平，头部前端的吻就像树叶的叶柄，加上银黄色斑纹的外表，看上去与枯黄的落叶十分相似。根据光线和环境的不同，枯叶鱼还能变幻出黄、绿两种颜色。枯叶鱼的伪装技术很高明，如果把它和落叶放在一起，你是很难辨别出来的。

沉稳的“猎手”

为了能捕捉到猎物，枯叶鱼非常有耐心，它可以静静地在水中躺上几天。当猎物靠近时，它不会盲目进攻，而是首先观察猎物的大小和强弱，如果没有十足把握时，它宁愿放弃也决不冒险。当有十足把握捕捉到猎物时，枯叶鱼就发动袭击，快速地将猎物吞入肚中。

小档案

射水鱼又叫高射炮鱼，它生活在热带沿海和江河中。射水鱼生性好动，有着“眼观四处、耳听八方”的本领。在水中游动时，它不仅能看到水面上的物体，还能察觉空中的物体。一旦发现猎物，它就偷偷接近，先瞄准，然后从口中喷出一股水柱，将目标击落，然后吞入腹中。

狙击原理

射水鱼具有高超的捕食技术，其奥秘就在它的嘴里。射水鱼口腔构造很独特，当它用舌头抵住口腔上部的一个凹槽处时就会形成一个管道。当发现猎物时，它会立即吸水，把水从口腔中的管道中射出来，然后击中目标。

神奇的枪手

射水鱼不爱吃“水产品”，喜欢吃生活在水边的小昆虫，如苍蝇、蚊子等。靠嘴巴射水击落小昆虫的绝技，射水鱼已经达到了炉火纯青的境界，堪称百发百中。如果不小心失手了，它还会使出另一项绝活——跳跃，将猎物抓回来。

捉迷藏高手：瞻星鱼

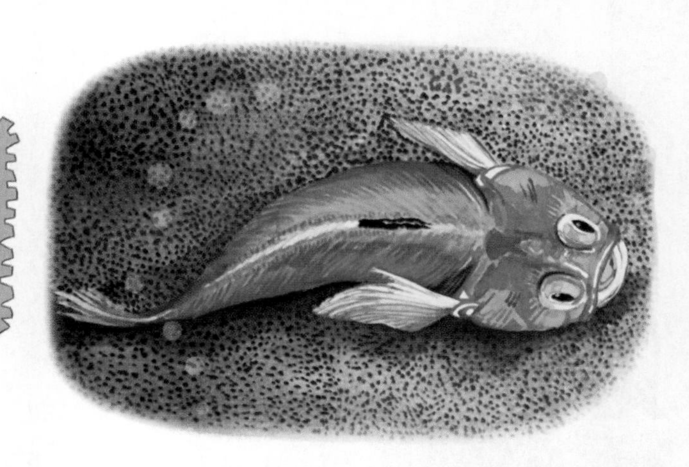

小档案

瞻星鱼的头顶有一双圆溜溜的眼睛，它喜欢在晴朗的夜晚和朋友们一起快乐地“数星星”。瞻星鱼生性凶猛，但它在捕食时非常冷静、沉着。它常将身体巧妙地隐藏在海洋的泥沙中，只露出大嘴巴和敏锐的双眼。看到猎物靠近，它就会用口腔内的突起引诱猎物，瞅准时机后，一口吞下猎物。

嘴中的“蠕虫”

瞻星鱼的下嘴唇有一块奇怪的红色突起，它能伸到离嘴巴有一段距离的地方。当瞻星鱼把它伸到沙里活动时，它就像一条活动的蠕虫。

“蠕虫”鲜红的颜色特别醒目，常常吸引许多馋嘴贪食的小鱼。当小鱼接近或碰到“蠕虫”时，瞻星鱼就会把这些小鱼变成口中食。

蒙起脸来捉迷藏

为了捕食猎物，瞻星鱼做足了准备工作。它常将身体埋进沙中，与环境融为一体，只露出两只眼睛。在眼睛后边，还隐藏着一个“发电机”，只要有猎物离得比较近，瞻星鱼就能当场把它击晕。

行走海洋的剑客：剑鱼

小档案

剑鱼姿态潇洒，有一个长而尖的上颌，看起来就好像是一支箭。所以，它也可以叫“箭鱼”。

剑鱼体形较大，平均长度2米，体重有上百千克。剑鱼颜色各异，鱼背和鱼身大部分为棕偏黑色。剑鱼虽然是海中剑客，但不喜欢惹是生非！

游泳速度赶火车

剑鱼有着流线型的身体，体表非常光滑，上颌长而尖，就像一支锐利的长矛。看到猎物时，剑鱼就如离弦的箭一般飞速刺向猎物，然后美餐一顿。在追捕猎物的时候，剑鱼的时速能够达到100千米，甚至更高，这样的速度都赶得上火车了，因此它是海洋中游得最快的鱼类之一。

传奇的“剑客”

据说，在第二次世界大战期间，剑鱼曾向英国大型船只“巴尔巴拉”号发起过挑战——它们用锐利的上颌瞬间刺穿了“巴尔巴拉”号。当海水从刺穿的地方涌进船舱时，船员们惊慌失措，以为是鱼雷袭击所致，殊不知真正的“凶犯”是剑鱼。

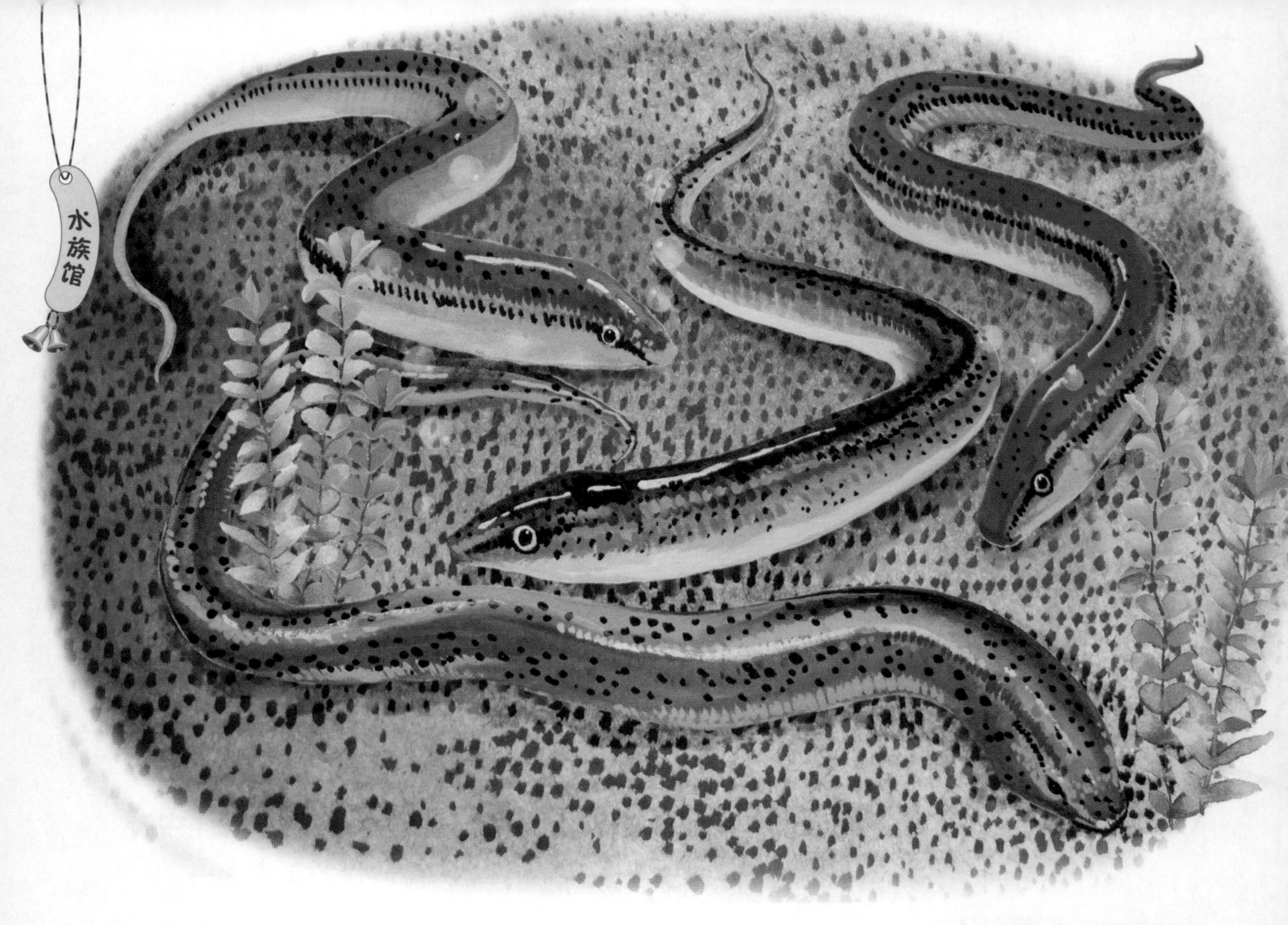

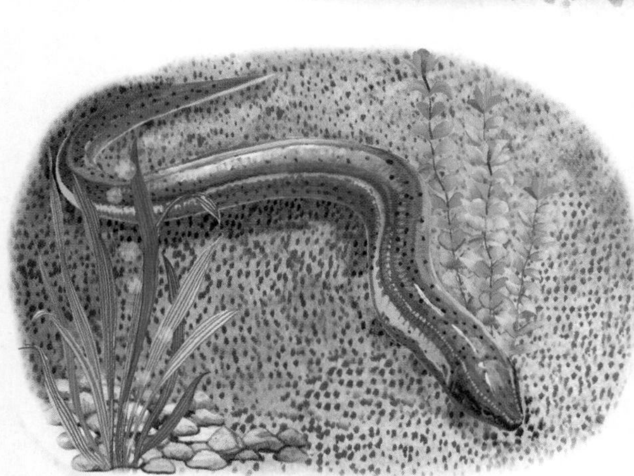

三十六计走为上：

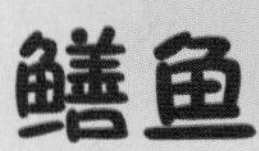

鳝鱼

小档案

鳝鱼跟蛇很像，但它的性格与蛇有天壤之别。鳝鱼文静、腼腆、温和、善良，与蛇那阴冷的性格可截然不同。鳝鱼的身体呈圆筒形，体表无鳞；嘴巴大，眼睛小。白天，鳝鱼喜欢穴居在江河湖泊等地的烂泥中或石缝中。当夜幕降临、万物沉睡之时，它就开始出来活动了。

多功能黏液

鳝鱼既没有特殊的攻击本领，也没有强大的防御武器，在关键时刻用到的策略便是“三十六计走为上”。鳝鱼全身都能分泌黏液，这使敌人很难捉住它，也可以很容易从敌人手中逃脱。此外，黏液还能阻挡细菌、病毒等入侵。

中药的一分子

医学名著《本草纲目》记载，鳝鱼有补血、补气、消炎、消毒、祛风湿等多重功效。它的血对患有慢性化脓性中耳炎的患者也有作用。对小朋友流鼻血的症状，鳝鱼也能帮上忙，只要将它的血滴入鼻孔中，症状就会消减。

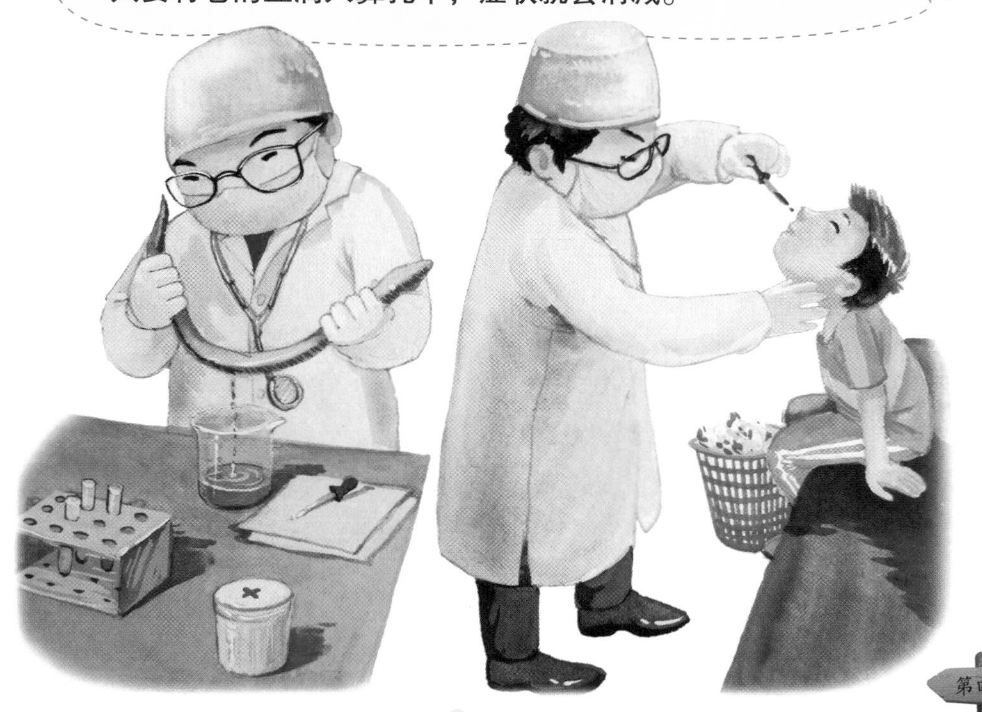

吃不了还要兜着：狗鱼

小档案

狗鱼的嘴巴宽大扁，像极了鸭子的嘴巴。大家都知道鸭子是贪吃鬼，每天都把肚子吃得鼓鼓的，而狗鱼的食量绝不逊色于鸭子，它每天吃下的食物和自己的体重差不多。

吃不了还要兜着

对狗鱼来说，捕食不是一件难事。有时捕获的猎物太多而吃不完，它就会将猎物挂在牙齿上，好像是在和别人炫耀自己的战绩一样。

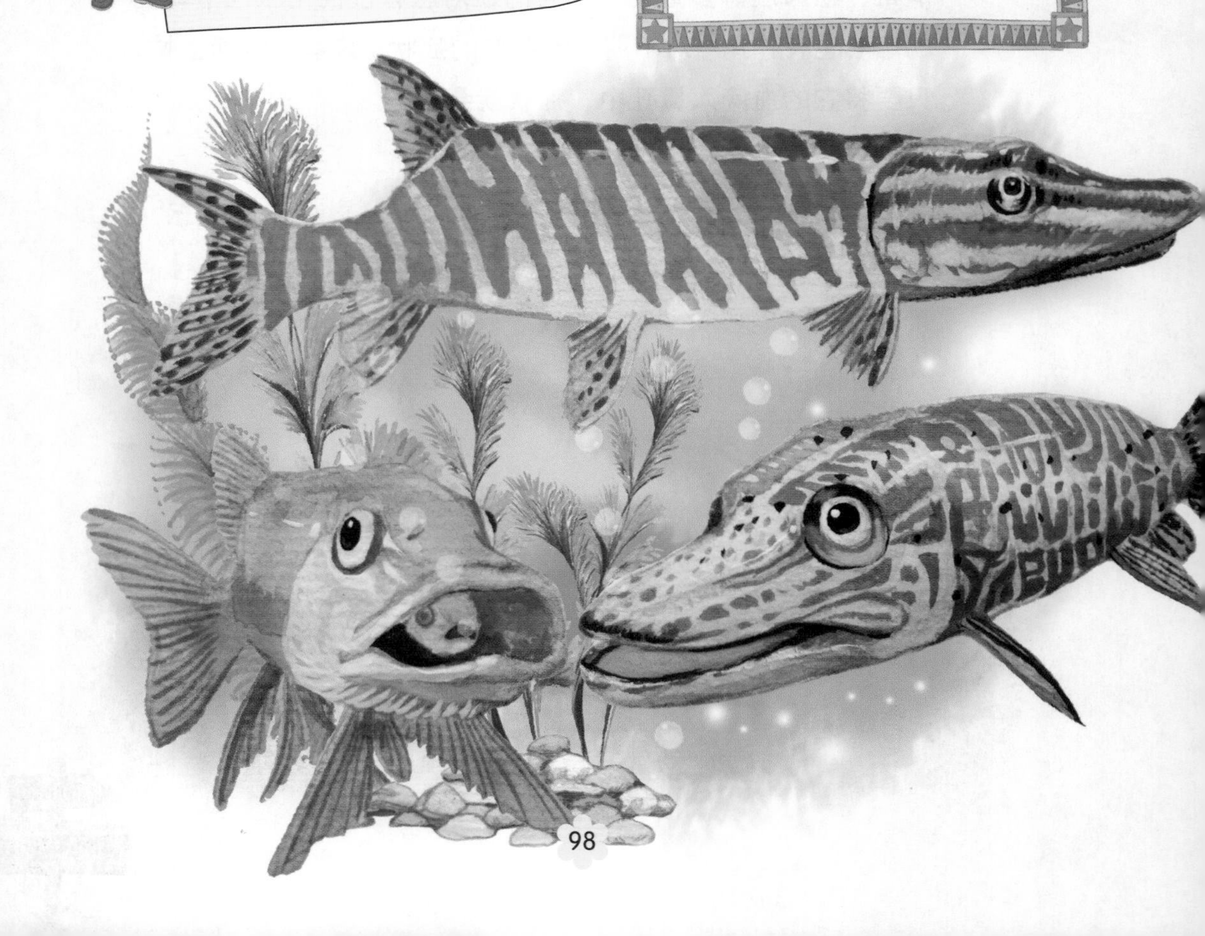

用智慧捕捉猎物

狗鱼聪明伶俐，靠智慧来捕食。当有猎物从远处游来时，它就会用动尾鳍将水搅浑，把自己隐藏起来。当猎物靠近时，它会飞快地游过去一口将其咬住，然后好好享受。

糟糕的脾气

狗鱼性格暴躁，雄狗鱼一般都畏惧雌狗鱼，相遇时总是慌张躲避。到了繁殖季节，雌狗鱼就会一改往日暴躁的脾气，变得温驯、腼腆，它们静静地伏在水草旁边，等待雄狗鱼的追求。可雌狗鱼的温柔只是暂时的，与“如意郎君”结婚生子后，它们又会克制不住脾气了。

会走路的鱼：攀鲈

会走路的鱼

当攀鲈厌倦了原来的环境，且恰逢水位上涨之时，它就会利用头部的棘和鳍棘爬到陆地上，去寻找新的水域。当然，它离开水也能活上很长时间，这是因为它有独特的腮上器，能直接吸收空气中的氧气。

小档案

攀鲈主要生活在东南亚的河口、湖泊等地区，因为外形似鲈鱼，又能攀缘而得名。攀鲈体色呈青褐色，身上有不规则的黑点。

第五章

身怀剧毒的动物

面对拥有血盆大口的猛兽，如狮子和鳄鱼等，人人都知道危险，懂得避之则吉。然而，面对一些其貌不扬或者美丽动人的动物，你可能会放松警惕。千万别！跟我来，看看这些身怀剧毒的水底动物。

这块石头有毒：石头鱼

小档案

石头鱼貌不惊人，身长只有30厘米左右。它全身光滑无鳞，嘴形弯若新月，鱼脊呈灰石色，隐约露出石头般的斑纹；圆鼓鼓的鱼腹白里泛红，尾部扁侧稍窄。

致命剧毒

石头鱼喜欢躲在海底，将自己伪装成一块不起眼的石头。如果有谁不留神踩到它，它就会毫不客气地立刻反击，分泌致命剧毒。

海底变色龙

石头鱼身上有许多瘤状突起，与蟾蜍很像。石头鱼的身体能发生较大的变化，胸鳍内面有褐色斑点，能像变色龙一样通过伪装蒙蔽敌人。

坠入凡间的石头

远古时，天空出现了一个大洞。女娲知道后很着急，赶紧想办法，后来终于炼制出补天的石头。在补天时，女娲不小心把一块石头掉进大海。这块石头就一直在等女娲把它捡起来，可一等就是几千年。后来，这块石头逐渐化成海底精灵，变成了长相如同礁石的石头鱼。

蛇蝎美人：狮子鱼

小档案

狮子鱼又被称为“蛇蝎美人”，这是因为它外形美艳，但是体内含毒。狮子鱼生活在温带靠海岸的岩礁或珊瑚礁内，有的伙伴也在深海中生活。狮子鱼体长有0.5米左右，以海洋中的甲壳动物为食。

如果没有遇到威胁或遭受攻击，狮子鱼便悠闲地在海里过着“贵族”生活，否则，它体内的毒就有用武之地了。

会游泳的蝴蝶

狮子鱼时常拖着宽大的胸鳍和长长的背鳍在海中悠闲地游弋，就像一只自由飞舞在珊瑚丛中的花蝴蝶。它体色鲜艳，花枝招展，在海中展示着艳丽的“舞裙”，毫无顾忌。

蛇蝎美人

狮子鱼之所以可以在海中“目中无鱼”，主要是因为它身上长有含毒的鳍棘。狮子鱼的鳍棘平常由一层薄膜包着，遇到紧急情况时，膜便破裂，鳍棘直指对方，让敌人望而生畏。

海中的毒伞：

霞水母

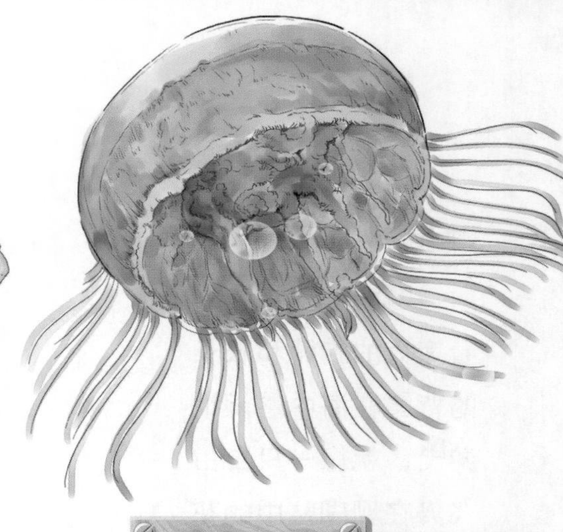

小档案

霞水母可以分为白色霞水母、发形霞水母、棕色霞水母和紫色霞水母四种。霞水母生活在海洋中，以海洋中的生物为食。

长度冠军

体形较大的霞水母（如北极霞水母），伞盖直径可达2.5米，下垂的触手长40多米。把它的触手拉开，从一条触手尖端到另一条触手尖端，长度竟能超过70米！可以说，霞水母是动物中的“长度冠军”。

与牧鱼共存

霞水母把触手展开，就像布下了“天罗地网”，别的动物进入了这“罗网”，必将束手就擒。可是，小小的牧鱼能在里面游刃有余。牧鱼体长不过 7 厘米，却能把“罗网”当成避难所。这样，牧鱼不仅能成为霞水母捕食的诱饵，还能清除附在它们身上的微生物。

海中的毒伞

霞水母的触手上有刺细胞，能分泌毒素，能够使猎物迅速麻痹而死。人们在海边嬉戏游泳，有时会突然感到身体的前胸、后背或四肢一阵刺痛，有如被皮鞭抽打一样，那可能就是霞水母在捣鬼。

毒箱子：

澳大利亚箱形水母

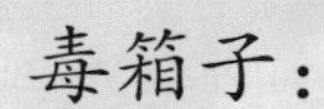

澳大利亚箱形水母主要生活在热带海域。在风平浪静的时候，它会游向海滨浴场。迄今为止，它已经造成了无数起伤人事件，被认为是最致命的水母，也号称海洋中的透明杀手。

小档案

澳大利亚箱形水母被称为“海黄蜂”，它体长4米，触须上生长着数量惊人的储存毒液的刺细胞，要是有谁胆敢招惹它，它就会疯狂地给对方注射毒液。

死亡使者

澳大利亚箱形水母被认为是最致命的水母，人一旦被刺中，没有及时救助，就会很快死亡。想要不被它们攻击，只有一个办法，那就是不在它们出没的海域游泳。

毒箱子

澳大利亚箱形水母生活在澳大利亚和新几内亚北部，菲律宾和越南的海域。它最重要特征是伞体呈立体的箱子形状，带状触须上布满了储存毒液的刺细胞，是名副其实的海洋毒箱子。

蓝色警告：蓝环章鱼

蓝色警告

如果遇到危险，蓝环章鱼身上和爪上的深色环会发出耀眼的蓝光，向对方发出警告。它体内含有剧毒，能置人于死地。不过，它并不好斗，也很少攻击人类。

小档案

蓝环章鱼的体形很小，只有高尔夫球那么大一点点，臂跨也才20厘米。它体表是黄褐色的，很容易隐身于周边环境中。

擅长隐藏

蓝环章鱼的皮肤含有颜色细胞，可以随意改变颜色，通过收缩或伸展，改变不同颜色细胞的大小，它的模样随之发生改变。因此，蓝环章鱼白天利用这一点将自己隐藏起来，晚上才出来活动和觅食。

威力超强

别看蓝环章鱼的个头小，可它的威力超强，在一次啮咬中分泌的毒液足以夺人性命。更厉害的是，人们还没有找到合适的解毒剂，因此蓝环章鱼就成了最可怕的海洋生物之一。

海中的仙人球：刺鲀

小档案

刺鲀生活在热带海藻和珊瑚礁附近，身体较短，头部和身体的背面颇宽圆，尾部短小，看起来像圆锥体。它的鳞片已经变成了粗棘，只有尾端与尾柄后部没有这些粗棘。

和河豚一样，刺鲀身上也有剧毒，不过剧毒都藏在肝脏、血液等部位。

防御气功

刺鲀拥有“防御气功”。平时，它身上的硬刺平贴在身上，看起来与别的鱼没有太大区别。遇到敌人时，它就会大口吞进海水或空气，使身体胀大，平贴的硬刺会立起来。这时的刺鲀看起来好像仙人球，又像刺猬，让敌人无法下口。

反攻的刺猬

别以为刺鲀只会吓人，它还会反击呢！据说当刺鲀被鲨鱼吞进肚子时，它会像孙悟空进入铁扇公主的肚子一样，在鲨鱼体内“大闹”。附近的刺鲀也会向鲨鱼聚拢，一起撕咬鲨鱼。不一会儿，鲨鱼就只剩一堆白骨了。

有毒的葵花：海葵

小档案

从外表上看，海葵很像植物，但实际上是动物。它的身体柔软没有骨骼，长有像花瓣一样的触手，挥舞触手时就像盛开的葵花。

构造简单

海葵是一种构造非常简单的动物，没有中枢信息处理机构，就是说海葵连最低级的大脑基础也不具备。它的几十条触手上有一种特殊的刺细胞，能释放毒素。

迷惑猎物

海葵的触手在水中不停地摇摆，犹如风中摇曳的花瓣。许多小鱼来观望，想一探究竟。当小鱼靠近时，它就会迅速收缩触手，将上当者擒住。

温柔的毒物

海葵的触手上长满了倒刺，倒刺会分泌毒素，用来麻痹其他动物。海葵的毒液对人类的伤害不大，人类如果不小心摸到它的触手，就会受到拍击，并有刺痛或瘙痒的感觉。

海螺也疯狂：芋螺

小档案

芋螺又叫鸡心螺，主要生活在温暖的海域。因为芋螺外壳前方尖瘦而后端粗大，形状像鸡的心脏和芋头而得名。

剧毒生物

芋螺是一种含有剧毒的海洋生物，它的尖端部分隐藏着一个很小的开口，里面有毒牙，芋螺可以从这里射出毒液，足以使人一命呜呼。

有毒的“鱼叉”

芋螺的行动非常缓慢，因此它不得不使用有毒的“鱼叉”捕捉像小鱼这样的猎物，“鱼叉”就是它的牙齿。当芋螺发现有猎物靠近时，它就将牙齿从嘴里伸出，刺向猎物，迅速分泌毒液，将猎物麻痹。

美丽杀手

芋螺表面有着美丽斑纹，这很容易吸引那些好奇心强的人，他们通常想把芋螺捡回去观赏，然而悲剧往往就发生在这时。迄今为止，已经有不少人被芋螺毒死了。

海中步行者：长手鱼

小档案

顾名思义，长手鱼就是长了“手”的鱼，这确实让人吃惊。实际上，它的手是用来行走的鱼鳍。长手鱼身长10厘米，数量少，迄今为止，人们只在澳大利亚塔斯马尼亚岛的霍巴特周围地区发现了它们。

温柔的毒物

当长手鱼在海里“游弋”时，它身体两侧的“大手”（鱼鳍）会不停地对海底或者珊瑚进行拍打，这说明它是在利用鳍“行走”，而不是在水中游动。

秘密武器

长手鱼行动迟缓，喜欢在面积狭小的栖息地活动，很容易成为捕食者的猎杀目标。但是，它拥有一件秘密武器——皮肤。它的皮肤具有毒性，能令触碰者极度痛苦。据说，如果有人吃了长手鱼，在1小时后就会死亡。

最危险的美食：
河豚

长江三鲜

中国长江也有河豚的身影。河豚虽然身怀剧毒，但肉质柔嫩无比，与长江的鲥鱼、刀鱼并称为“长江三鲜”。河豚的肌肉中并不含毒素，只是卵巢、肝脏等地方才有剧毒。每年的春末夏初是它们的产卵期，这时候它们的毒性最强。

小档案

河豚又叫气泡鱼，在遇到危险时，它会拼命吸进水或空气，使身体膨胀成“球”，从而吓走敌人。因此，河豚获得了“气功大师”的称号。

第六章

水底特工队

与陆地相比，水底世界更加广阔，其中的物种也更加丰富，鱼儿就是其中最主要的动物。虽然同属鱼类，但它们各具形态，生活方式也多种多样，形成了一道道独特的风景线。

冬天不吃饭：

鲤鱼

最大的爱好

鲤鱼最喜欢“吃”，其次是“睡”，它从春天吃到秋天。到了秋天，它的胃口格外好，它要为冬天做准备。因为整个冬天，鲤鱼都不吃东西，每天都在睡觉。鲤鱼的挨饿能力是不是很强？

小档案

鲤鱼既没有华丽的外表，也没有独特的本领，但要说起它来，那可是家喻户晓。鲤鱼生活在温带淡水中，体表略带黄色，尾巴呈红色。

冬天不吃饭

人们常说：“人是铁，饭是钢。一餐不吃饿得慌。”但鲤鱼能一个冬天不吃东西，这是因为它在前三季将所吃的食物都转化为脂肪了，为过冬备足了能量。

显耀身世

鲤鱼的老家在亚洲，尤其受到中国人的喜爱。早在殷商时期，人们就开始饲养鲤鱼。后来，鲤鱼又被赋予了丰富的文化内涵。鲤鱼最风光的时期是唐朝，皇帝姓李，“鲤”与“李”同音，它和皇帝因此攀上了关系，从此鲤鱼跳上了“龙门”，成了皇族的象征。

酷爱酸味食物：鲢鱼

胆小的调皮鬼

鲢鱼的胆子很小，每当人们靠近它时，它就会像个惊慌的孩子一样匆匆逃跑。但在熟悉鲢鱼的人的眼中，它可是一个调皮鬼。

小档案

鲢鱼也是“四大家鱼”之一，它的体形像古代妇人手中织布的梭子：两头尖，中间宽。一对小眼长在头部偏下方，使它经常不自觉地向下看，显得很忧郁。

爱吃酸味食物

小鲢鱼比较挑食，只喜欢吃浮游动物；后来，小鲢鱼长大了，就开始尝试吃浮游植物。还有一点，鲢鱼对酸味食物情有独钟，你是不是觉得它的口味很特别？

上好的营养品

你知道鲢鱼为什么能成为家喻户晓的鱼类吗？因为鲢鱼营养丰富，体内含有丰富的胶原蛋白，既能强健身体，又能滋养肌肤。鲢鱼对治疗皮肤粗糙、脱屑、脱发等症状均有一定的疗效。此外，若将鲢鱼与生姜同食，还有健胃、补脾的作用。

小档案

“西塞山前白鹭飞，桃花流水鳜鱼肥。”这句诗歌赞美的就是鳜鱼（桂鱼）。鳜鱼的嘴巴较大，下颌突出，体侧有深色的斑纹。

性情暴躁凶猛：鳜鱼

暴躁凶猛

鳜鱼生性暴躁凶猛，在水中横冲直撞，小鱼们见了它都非常害怕。鳜鱼从小喜欢吃肉，当看到猎物之时，它就会悄悄地跟踪，瞅准时机后以迅雷不及掩耳之势发起袭击。

我的安乐窝

鳜鱼喜欢独来独往，一般隐居在江河湖泊的底层，特别喜欢藏身于水底石块后或繁茂的水草丛中。白天，鳜鱼一般卧在石缝或河底的坑中睡懒觉，到了晚上，它才出来活动。

像皇冠的背鳍

鳜鱼的背鳍很发达，几乎占据了整个背部，背鳍的前部为尖尖的硬刺，后部高大呈圆形。当它在水中游动时，背鳍展开，像一顶皇冠，颇有几分王者的霸气和威严。温馨提醒，请别用手去摸鳜鱼，因为鳜鱼的鳍棘与毒腺相通，会让人中毒。

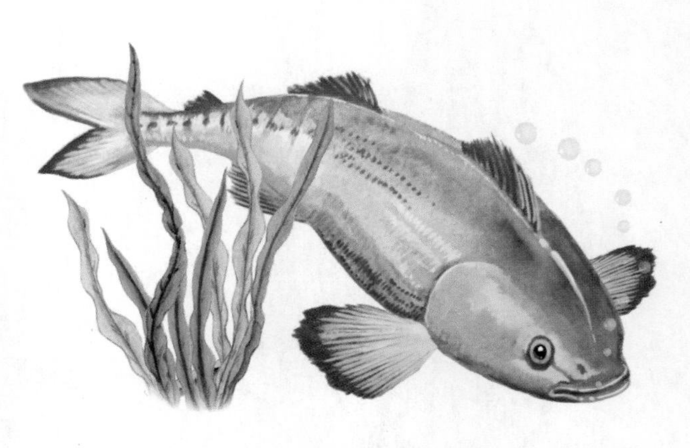

冰雪勇士：鳕鱼

小档案

鳕鱼生活在纬度较高的寒冷水域，它头大尾小，有三个背鳍，鳞片细小。鳕鱼的体色多样，有淡绿、淡灰、褐色、淡黑，也有暗淡红、鲜红等颜色。

冰雪勇士

鳕鱼生活在太平洋、大西洋的寒冷水域中。很多鱼都不敢来这里，因为它们根本受不了这里的寒冷。这对于鳕鱼来说是一件好事，因为争夺生存空间和食物的对手就会减少很多。

不怕冷的秘密

为什么鳕鱼能生活在冰冷的海水中？因为它的血液中有一种特殊的物质，叫抗冻蛋白。抗冻蛋白就像一个充满战斗力的勇士，不断地阻止低寒气温冻结鳕鱼的血液，给予鳕鱼最温暖的保护。

健康的小帮手

鳕鱼全身都是宝，如果擦伤了脚，可以涂上鳕鱼肝油，就不会滋生细菌了。鳕鱼身体中还含有人体发育所必需的多种氨基酸、维生素和微量元素。鳕鱼生活的环境污染较小，从它身上提炼出的维生素是绿色无害的。

环球旅行家：
金枪鱼

小档案

金枪鱼这个名字是不是很霸气？金枪鱼身体呈纺锤状，体表无斑点，尾巴像初升的月亮。它没有固定的家，是环球旅游家，太平洋、大西洋、印度洋都有它的“足迹”。

长游冠军

游泳是金枪鱼为之付出一生的事业，它每天都在挑战自己的极限。目前，金枪鱼是大海中当之无愧的“长游冠军”，鱼类中没有谁能和它比耐力。

奇特的游泳

金枪鱼的一生都在游泳，没有片刻停止。游泳时，它总是张着嘴，这样它才能在水中得到足够的氧气。它游泳的一般时速为 40 千米，瞬间时速可达 160 千米，连猎豹都不是它的对手。

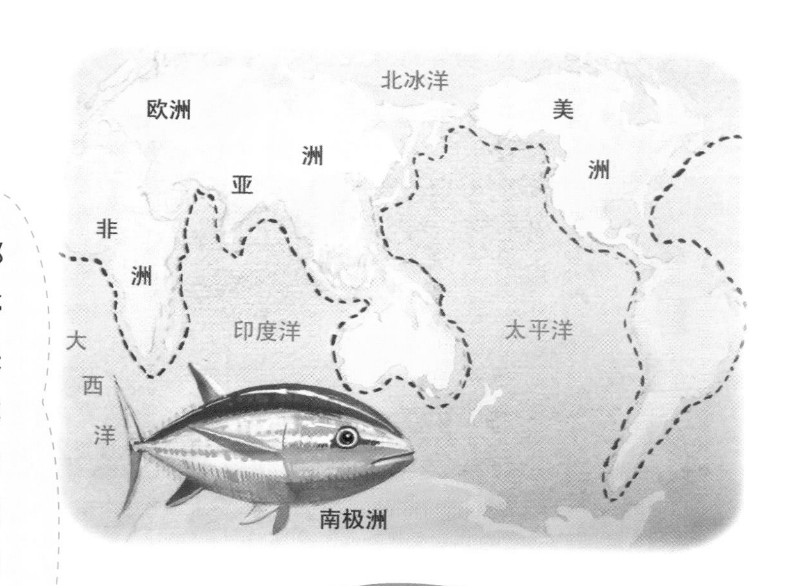

热血鱼儿

金枪鱼时刻保持着游泳的状态，这需要消耗大量能量，体内的糖就会加快分解。可以说，金枪鱼是“燃烧”的“热血鱼儿”。蓝鳍金枪鱼在这方面尤为突出，因为它们的体温比周围海水温度还要高。

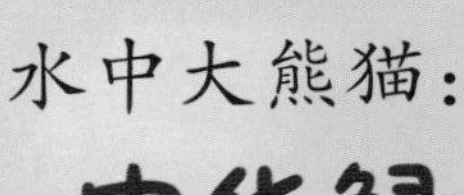

水中大熊猫：中华鲟

水中大熊猫

中华鲟的历史悠久，可以追溯到上亿年前，因此中华鲟被称为“水中大熊猫”。中华鲟的数量很少，只有中国长江流域有它们的身影。

小档案

中华鲟的体形修长，最长的可达4米。它的身体呈纺锤状，体表披五行硬鳞，尾巴较长。中华鲟虽然在大海里生长，但是产卵的时候必须回到淡水中。

浓浓的故乡情怀

中华鲟常年身居“海外”，但没有一刻忘记故乡。每年夏天，它们就会历经万里而来，回到故乡繁殖后代。待孩子长大一些后，它们又带着孩子顺流而下，旅居“海外”。

曾经有人把中华鲟移到国外，但由于它们寻根的习性，最后又回到故乡生儿育女。

珍稀动物

中华鲟不仅是人类研究鱼类演化的重要参照，还为人类研究生物进化、地质和地貌等带来巨大的帮助。

但是人类不断捕杀中华鲟，修建水坝阻断它们的回乡路，导致中华鲟的数量越来越少。

林间跳跃的鱼：弹涂鱼

小档案

弹涂鱼的身体呈圆柱形，一般体长10厘米～20厘米。它的眼睛较小，突出于头背缘之上。它栖息于热带河口咸淡水水域。

鱼类中的天才

弹涂鱼是鱼类中的天才，一生中有很多时间都不在水里。弹涂鱼居住的地方长满了红树林，它们把腹鳍当作吸盘，从而爬到树上。此外，它们还能在泥地上蹦跳，还能在泥地上钻洞。

身手敏捷

弹涂鱼身手敏捷，极善跳跃。离开水时，它会在嘴里含上一口水以帮助呼吸，就像潜水员入水时要背一个氧气罐。但是仅仅靠在嘴里含水取氧是不行的，它必须隔一段时间就把身体浸在水中，以防脱水。

特殊的进化

弹涂鱼的一些器官进化得很成功，例如，它们的眼睛通过长期进化已具有很高的视力，能看见浑浊不清的水中的物体；离开水后，它们还能通过像腿一样的胸鳍在陆地上行走和跳跃。

以石为家：
杜父鱼

小档案

杜父鱼的脑袋又大又扁，胸鳍宽大像扇子，因此又叫大头鱼。俗语说“头大聪明头小精”，大头鱼这个名字也正是人们对它的赞美。

讲卫生

杜父鱼生活在北方寒冷的水域中，非常讲究卫生，它绝对不会在泥中翻来滚去。因此，杜父鱼选择在清澈的河流底部建窝，而石质土或沙石是它建窝的重要材料。

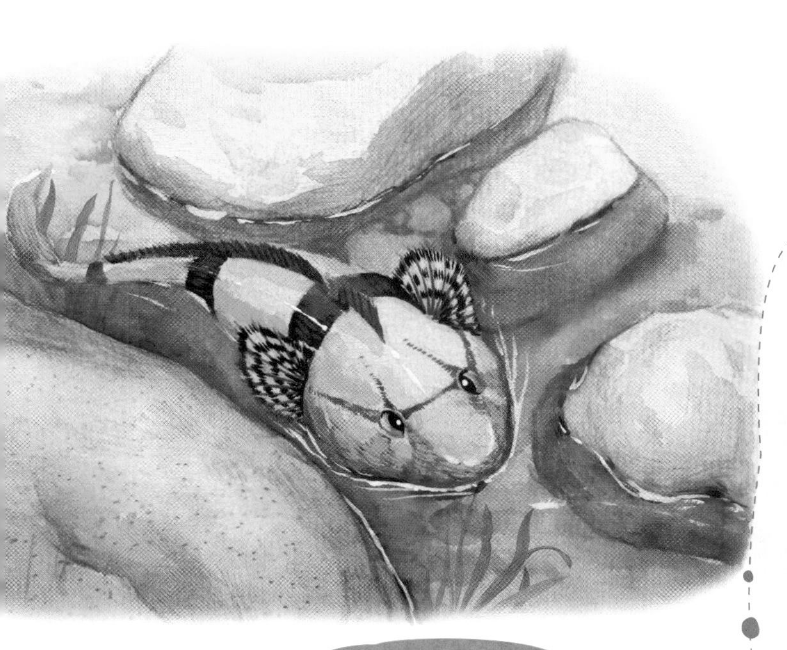

生性孤僻

杜父鱼生性孤僻，没有什么朋友，常潜伏在河流底部的石块和水藻中，头朝上游，静静地聆听水流撞击石头唱出的欢快歌儿。

杜父鱼是典型的“宅鱼”，再好的天气也不喜欢出门，只有肚子饿了，它才会穿梭于石缝中，寻找食物。

干净舒适的家

现在，很多人都喜欢饲养杜父鱼，那得提醒一下，杜父鱼不要求家有多么豪华别致，但一定要干净整洁。如果人们想将它放养在池塘中，放养之前一定要把池塘里的烂草和淤泥铲走，最好能在池底铺上一层石头。

奇怪的眼睛：比目鱼

小档案

比目鱼又叫鲽鱼，它的身体扁平，呈长椭圆形、卵圆形或长舌形，体长可达5米。成年后，比目鱼身体的左右不对称，两眼均位于头的左侧或右侧。

比目鱼的两只眼睛长在同一边，这是不是很奇怪？其实，比目鱼的眼睛是成长过程中移到同一边的。比目鱼的眼睛长成这样，人们以为它需要和同伴并肩才能游行，因此称之为比目鱼。

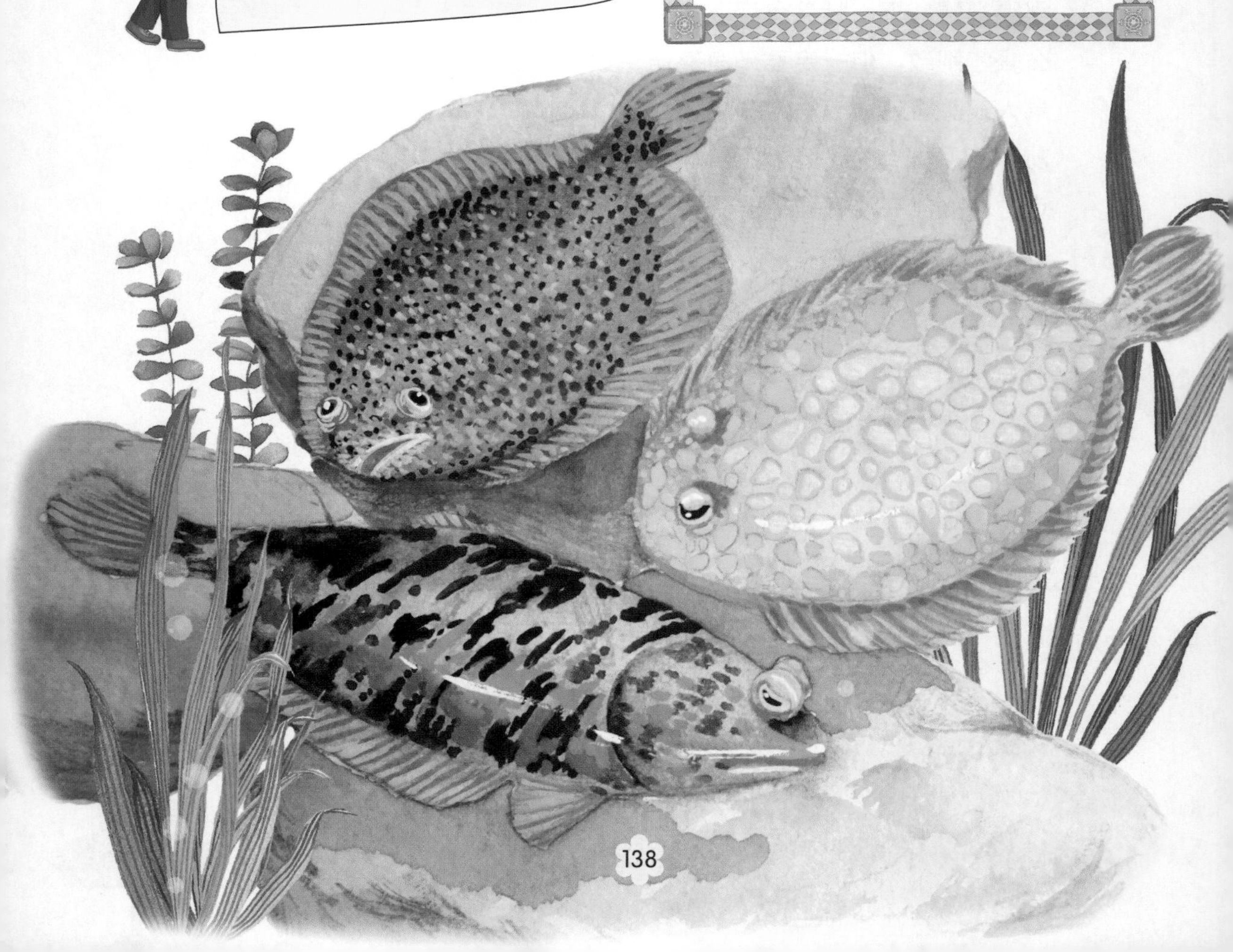

会动的眼睛

在比目鱼年幼时，它的眼睛正常地长在头部两侧。当它长大一些后，眼睛就开始移动到身体的同一侧。两眼之间本来有软骨，为了让眼睛能移动，比目鱼的身体还会把软骨吸收掉。

忠贞爱情的象征

古人认为比目鱼要和伙伴一起游走、生活，就把它看作是忠贞爱情的象征，赋予了它“成双成对”的含义，更把它写进诗句中，如“得成比目何辞死，愿作鸳鸯不羡仙”等。

大鱼终结者：盲鳗

大鱼终结者

盲鳗的视力不好，但感知力异常灵敏。盲鳗能比较正确地判定方向，分辨物体，它还能钻进大型鱼类的体内并寄生其中，先把鱼的内脏吞食掉，然后再悠哉游哉地钻出鱼体。

小档案

盲鳗的身体长约1米，生活在温带及亚热带的海洋中。由于长期寄生在鱼体内，它的眼睛已经退化了。盲鳗常钻进鱼的尸体内，用牙齿一下一下地将肉刮下吃掉。

智力超群：海豚

小档案

海豚是体形比较小的鲸类，嘴部是尖的，上下颌各有约 100 颗尖细的牙齿，主要以小鱼、乌贼、虾、蟹为食。海豚是智商最高的动物之一。

海豚的身形

海豚种类繁多，共有 60 多个品种，体长从 1.5 米至 9 米不等，身体呈流线体，非常适合在水中快速游动。

智力超群

海豚的智商很高，它们的大脑是海洋动物中最发达的。人类大脑占体重的2.1%，而海豚的大脑占体重的1.17%。海豚的大脑由完全隔开的两部分组成，一部分大脑工作时，另一部大脑可以休息，因此，它们可以终生不眠。

高超的本领

海豚靠回声定位来判断目标的远近、方向、位置、形状，甚至物体的性质。除此之外，它们还有高超的游泳技术和异乎寻常的潜水本领。它们的潜水记录是300米深，而人类不穿潜水衣，只能下潜20米。

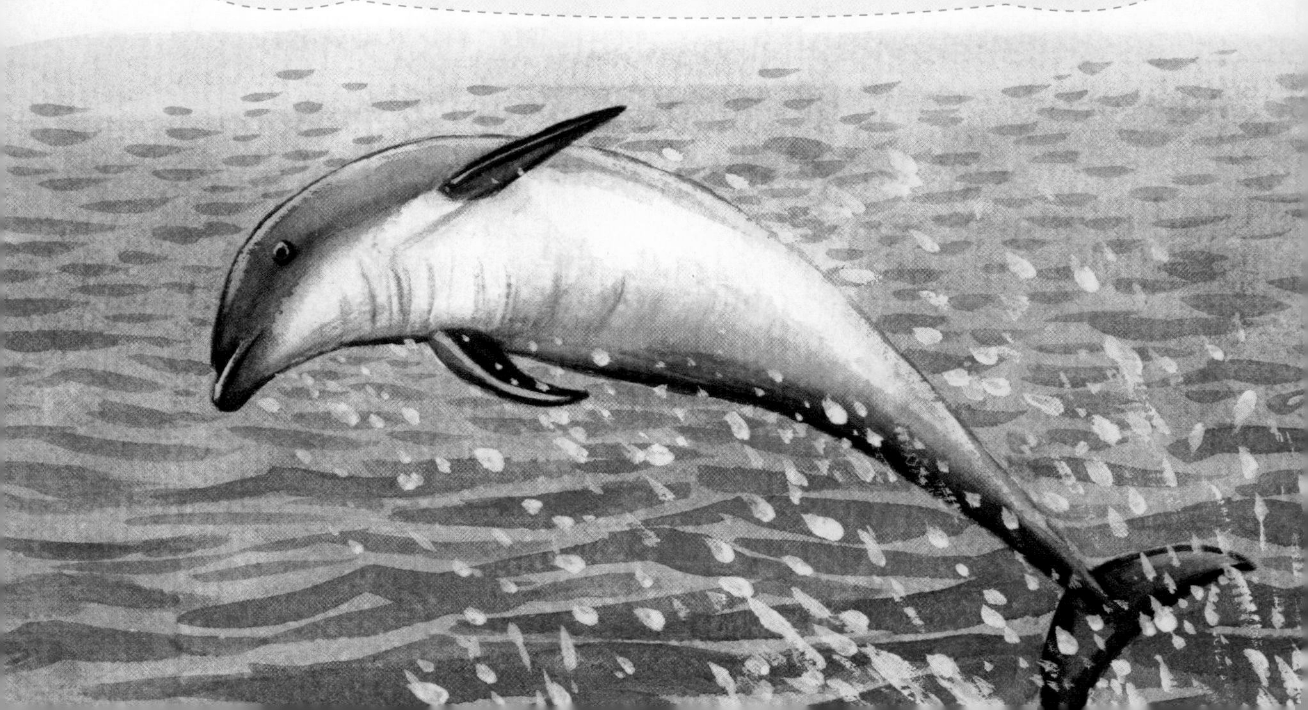

第七章

水底的怪物

对人类而言，海洋蕴藏着无数的奥秘，有数之不尽的矿藏，有看起来美丽动人的鱼类，还有大量形形色色人们知之不多的“怪物”。

身怀多样法宝：章鱼

小档案

章鱼是生活在海洋中的软体动物，体长几厘米到几米。它头上长有八腕，且腕间有膜相连，长短不一，所以它又被称为“八爪鱼”，但是它可不是鱼类。

海中一霸

章鱼力大无穷、残忍好斗，而且足智多谋，不少海洋动物都怕它。因此，章鱼被人们视为海中“一霸”。当然，章鱼能在大海里横行霸道，是因为它有特殊的自卫和进攻法宝。

神奇的八腕

章鱼有八条腕，每条腕上有几百个吸盘，谁被它的腕缠住，就很难脱身。章鱼的腕灵敏度很高，可以探察外界的动静，即使在休息时，也有一条腕在“值班”。

惊人的变色能力

章鱼的变色能力也很强，可以随时变换皮肤的颜色，使自身和周围的环境协调一致。此外，它的再生能力也很强。当腕被敌人牢牢抓住时，章鱼会自动舍掉腕，趁机溜走。不久之后，新腕还会长出来。

恐怖的大王乌贼：

枪乌贼

鱿鱼和乌贼的区别

在中国，枪乌贼俗称为“鱿鱼”。事实上，鱿鱼和乌贼是有区别的：鱿鱼的身体狭长，有点像标枪的枪头，触腕没有乌贼的长。

小档案

枪乌贼的身体细长，可达18米。它的身体呈长锥形，有十几只触腕，其中两只较长。触腕前端有吸盘，吸盘内有角质齿环，捕食食物时用触腕缠住将其吞食。

海洋中的怪物

像枪乌贼这一类的生物，一直是古代传说中的另类主角，其形象一般都是海中的大怪物；在许多图画中，它被画成是可怕而强大的掠食者。

并非无敌

枪乌贼的腕上布满了长有角质齿环的吸盘，这使得猎物一旦被抓住就难以逃脱。然后，枪乌贼就会用尖而有力的嘴来解决猎物。虽然枪乌贼很厉害，但它并非无敌，抹香鲸就是它的天敌。

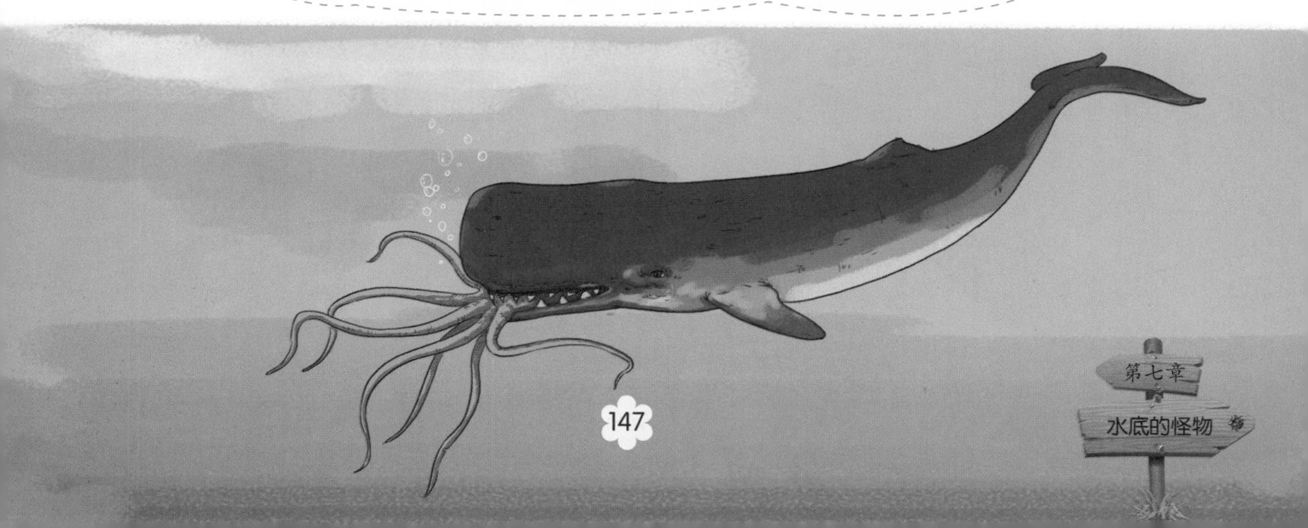

可怕的海底幽灵：吸血乌贼

小档案

吸血乌贼就像是从科幻电影中走出来的一样，看上去十分恐怖。它长着两个鳍，看起来像两只耳朵。虽然身长只有几十厘米，但是眼睛有一条狗的眼睛那么大。

适应环境的变化

吸血乌贼在深海里生活了几千万年，生理构造发生了巨大的变化。一种特殊的色素让它们血液中可以贮藏比其他乌贼多五倍的氧气，并且它还有一个高超的本领——发出生物光。

长“牙”的手臂

和多数乌贼不同的是，吸血乌贼没有墨囊，但是它腕上长着像尖牙一样的尖刺。它还有一对腕变成了细状体，像是手臂，能拉长到身体长度的两倍。

海底的幽灵

吸血乌贼身上覆盖着发光器官，能够随心所欲地把自己“点亮”和“熄灭”。发光器“熄灭”时，吸血乌贼几乎隐身于黑暗中。当感到危险时，它会发光迷惑掠食者。因为这种在海中忽隐忽现的特性，看起来像幽灵一样恐怖。

好斗的大嘴鱼：虎鱼

独特的外形

虎鱼的头是扁扁的，虽然不是很大，可嘴十分大，这让它的脑袋看上去有些不协调。虎鱼的上下颌都比较突出，嘴巴里面长着很多尖锐的牙齿。

小档案

虎鱼，是根据它们好斗的特点、强力掠夺的习性和外观而命名的数种鱼类的统称。

虎鱼的种类很多，海水和淡水中都有它们的踪迹。

好斗的本性

虎鱼的生存本领较强，即使离开了水，也不会轻易死亡。除了速度和力量出众外，它们身上的鳞片也很特别。那些鳞片如同战士的铠甲一般，严密地保护着身体。虎鱼天性好斗，几乎会对遇见的任何水中生物发动攻击。

血腥味的刺激

血腥味对虎鱼的吸引力很大，在血腥味的刺激下，它们吃东西的速度会变得特别快。不过，虎鱼平时可不愿意动，总是在水里慢慢地游来游去，懒洋洋地看着水中的世界。

不一样的蛇：

海蛇

小档案

海蛇主要分布在印度洋和太平洋，它们终生生活在海水中，且一般在近海岸活动。海蛇的尾侧扁，腹鳞多退化或消失。

艾基特林海蛇

艾基特林海蛇与澳大利亚箱形水母栖身于同一水域，它长着一张大嘴，身体细长，后端及尾侧扁平。它的毒性比眼镜王蛇还要大，如果人被它咬一口，数十秒钟内就会死亡。

身怀剧毒

海蛇与眼镜蛇有密切的亲缘关系——都是剧毒蛇。被海蛇咬到是件很可怕的事情，被咬伤的人若医治不及时，严重时会危及生命。

攻击型的黑头海蛇

黑头海蛇主要生活在热带和亚热带的海域，是完全水栖的蛇类。它们多在白天出没，以捕食鱼类为主。大部分海蛇没有主动攻击人类的倾向，但黑头海蛇是攻击性较强的成员。在日本冲绳岛一带，每年都会发生数宗黑头海蛇咬死人的事件。

海底的超级钳子：堪察加蟹

小档案

堪察加蟹的身体庞大，有 1 米多长。它的身上除了有坚硬的甲壳外，背部和边缘还长满了大小不等的刺棘，更有一对大钳子般的螯足，看起来威风极了！

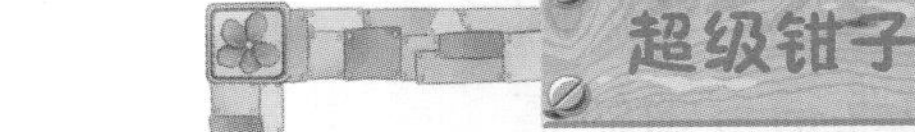

超级钳子

有些人认为，螃蟹不可怕，被它夹一下，也就只是会觉得有点疼。但你千万别小看堪察加蟹，它那巨大的“钳子”可以一下夹断人的手指。当然，给海洋世界里的其他生物带来灾难也是它的拿手好戏。

横冲直撞

堪察加蟹不是真正的蟹类，它的体形要比螃蟹大很多。有一次，它“入侵”挪威西部海岸后，吃光了路上遇见的所有可以吃的海洋生物。蟹过之处，空壳累累。

生态教训

堪察加蟹在挪威西部海岸“横行霸道”之后，世界环保组织的专家呼吁人们要重视它们的行为，并请有关国家采取措施保护海洋生物和海洋环境：一定要密切关注外来物种，因为没有天敌的外来物种会引发环境灾难。

海底的魔鬼：蝠鲼

名字的来由

蝠鲼的泳姿优雅飘逸，与夜空中飞行的蝙蝠相仿，所以叫作蝠鲼。第一次见到蝠鲼的人总会因它“异形”般的外表而不知所措，很难令人将它与正统的鱼类联想到一起。

小档案

蝠鲼叫魔鬼鱼，它的身体扁平，最长可达8米。蝠鲼的尾巴细长如鞭，上面还有刺。它生活在热带和亚热带海域的底层，因为长相奇特，被人们称为“水下魔鬼”。

海中的恶作剧之王

蝠鲼性情活泼，喜欢恶作剧。有时它故意游到小船的底部，用胸鳍敲打船底，弄出啪啪的响声，使船上的人惊恐不安；有时它跑到停泊在海中的小船旁，把小铁锚拔起来，使人不知所措；有时它把自己挂在小船的锚链上，拖着小船飞快地在海上跑来跑去，使渔民误以为是“魔鬼”在作怪。

温和的强者

蝠鲼平时安静而沉稳，没有任何抢占领地的行为，也不会主动攻击人。在遇到潜水者时，它还会羞涩地离开或靠上前去“寻求”抚摸。不过，在受到惊扰的时候，它爆发出的力量足以击毁小船。

现存最大鳄鱼：
湾鳄

小档案

湾鳄生活在海岸、海湾，能游泳到外洋，有时也栖于淡水中，是鳄类中最大的一种。一般来说，湾鳄的体长有四五米，但最长的体长可达十米，是现存最大的爬行动物。

强烈的领地意识

湾鳄喜欢泡在水下，把眼鼻露出水面。它们以大型鱼、泥蟹、海龟、巨蜥等为食，也捕食野鹿、野牛等动物。雄鳄的领域意识很强，如果遇到闯入者，雄鳄就会带领一群雌鳄将它赶出去。

最大的鳄鱼

有资料显示，湾鳄是目前地球上最大的鳄鱼，体长可超过五米，体重可达一吨。湾鳄经常潜伏在浑浊的水下，等待水牛、猴子、野猪等送上“门”来，将它们杀死后吃掉。

咬力与耐力

湾鳄的凶狠残忍与其他鳄鱼无异，它可以一口咬碎海龟的硬甲和野牛的骨头，是世界上现存咬力最强的生物之一。湾鳄可能是所有鳄鱼和迁徙动物中最具耐力的，它可以游很长的距离，甚至能游过海洋。

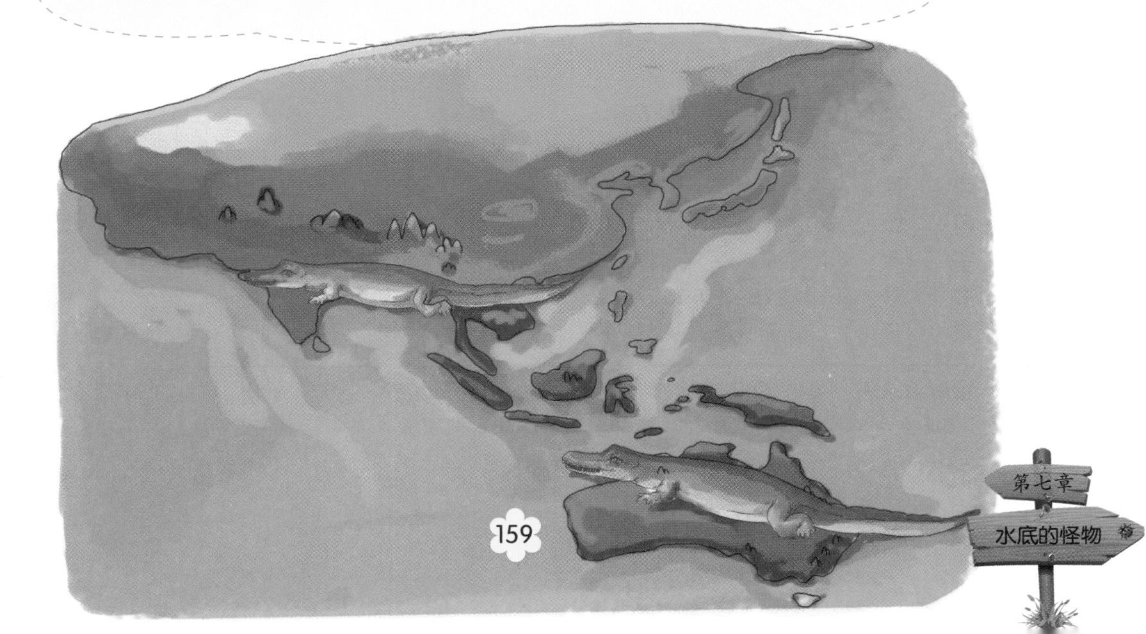

图书在版编目（CIP）数据

水族馆 / 九色麓主编 . -- 南昌：二十一世纪出版社集团，2017.6
（奇趣百科馆；3）
ISBN 978-7-5568-2695-7

Ⅰ．①水… Ⅱ．①九… Ⅲ．①水生动物－少儿读物 Ⅳ．① Q958.8

中国版本图书馆 CIP 数据核字 (2017) 第 114895 号

水族馆

九色麓 主编

出 版 人 张秋林
编辑统筹 方 敏
责任编辑 刘长江
封面设计 李俏丹
出版发行 二十一世纪出版社（江西省南昌市子安路 75 号 330025）
www.21cccc.com cc21@163.net
印　　刷 江西宏达彩印有限公司
版　　次 2017 年 7 月第 1 版
印　　次 2017 年 7 月第 1 次印刷
开　　本 787mm×1092mm 1/16
印　　数 1-8,000 册
印　　张 10
字　　数 85 千字
书　　号 ISBN 978-7-5568-2695-7
定　　价 25.00 元

赣版权登字 —04—2017—367